생각이
크는
인문학

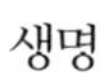
생명

생각이 크는 인문학_생명

지은이 장성익
그린이 이진아

1판 1쇄 발행 2015년 12월 18일
1판 12쇄 발행 2024년 5월 1일

펴낸이 김영곤
키즈사업본부장 김수경
에듀2팀 김은영 고은영 박시은
아동마케팅영업본부장 변유경
아동마케팅1팀 김영남 정성은 손용우 최윤아 송혜수
아동마케팅2팀 황혜선 이규림 이주은
아동영업팀 강경남 김규희 최유성
e-커머스팀 장철용 양슬기 황성진 전연우
디자인팀 이찬형

펴낸곳 (주)북이십일 을파소
출판등록 2000년 5월 6일 제406-2003-061호
주소 (우 10881) 경기도 파주시 회동길 201(문발동)
연락처 031-955-2100(대표) 031-955-2177(팩스)
홈페이지 www.book21.com

ISBN 978-89-509-6277-7 43470

책 값은 뒤표지에 있습니다.

생각이 크는 인문학

⑩ 생명

글 장성익
그림 이진아

을파소

목 차

1장 생명이란 무엇일까요?

2장

동물은 우리에게 뭘까요?

3장

생명 복제는 해도 될까요?

4장

삶과 죽음의 관계는 어떻게 될까요?

모든 생명이 더불어 잘 사는 길은 뭘까요?

다채로운 생명 이야기에 '가슴'으로 귀 기울이길 바랍니다.

지난 2014년 4월 16일, 우리나라에서는 엄청난 비극이 벌어졌습니다. 세월호 참사가 그것입니다. 배가 침몰하는 바람에 수학여행을 가던 고등학생들을 비롯해 무려 304명의 고귀한 생명이 희생되고 말았지요. 당시 선장은 도망갔고, 국가는 단 한 사람도 구조하지 못했습니다. 온 국민은 슬픔과 분노 속에서 그 수많은 생명이 차가운 바다 아래서 참혹하게 죽어가는 모습을 땅을 치며 지켜볼 수밖에 없었습니다. 세월호 사고는 우리 사회에서 생명의 소중함과 함께, 그런 생명이 어떤 처지에 놓여 있는지를 가슴 아프게 일깨워 주었습니다.

오늘날 생명은 깊은 위기에 처해 있습니다. 우리나라만 그런 게 아닙니다. 세계 전체가 그러합니다. 또한 사람의 생명만 그런 것만도 아닙니다. 자연을 포함해 모든 '살아 있는 것'이 갈수록 더 큰 위기와 위험의 벼랑으로 내몰리고 있는 것이 지금의 현실이지요.

무엇보다, 돈을 신으로 섬기는 물질주의가 온 세상을 뒤덮으면서 사람을 비롯한 모든 생명은 한낱 상품이나 도구로 취급되기 일쑤입니다. 경제성장, 개발, 효율, 속도, 경쟁 같은 것들을 지나치게 떠받드는 바람에 인간의 존엄성과 품위는 깊은 상처를 입고 있습니다. 이 지구와 생명의 미래를 돌이키기 힘들 정도로 망가뜨리고 있는 환경 위기 또한 다르지 않습니다. 자연은 생명이며, 사람은 자연의 일부입니다. 그럼에도 자연은 급속한 산업화와 자본주의 물질문명 아래서 그저 인간의 탐욕을 채우고 성장과 개발을 이루기 위한 수단으로 전락하고 말았습니다. 더군다나 첨단 과학기술의 눈부신 발전은 우리 인간에게 놀라운 물질의 풍요와 생활의 편리를 안겨 주었지만, 그 대가로 생명 질서가 어지러워지고 생명의 개념이나 의미 자체가 큰 혼란에 빠지고 있습니다. 깊어 가는 불평등과 양극화, 끊이지 않는 전쟁과 테러, 늘어나는 대형 사고와 재난 같은 것들도 뭇 생명의 평화와 안녕을 해치기는 마찬가지고요.

우리나라가 세계에서 자살률은 가장 높은 데 반해 출산

율은 꼴찌에 가깝다는 건 여러분도 알고 있을 듯합니다. 하나밖에 없는 자기 생명을 스스로 저버리는 사람이 많고, 새로운 생명의 탄생을 거부하는 사람이 많다는 게 뜻하는 바는 뭘까요? 높은 자살률이 '현재'를 들여다볼 수 있는 지표라면 낮은 출산율은 '미래'를 가늠해 볼 수 있는 잣대입니다. 한마디로 현재에 절망하고 미래를 비관하는 사람이 차고 넘친다는 얘기지요. 어쩌면 이런 현실이야말로 오늘날 우리가 맞닥뜨리고 있는 생명 문제의 현주소를 상징적으로 보여 주는 게 아닐까요?

이제 생명의 가치와 의미를 새롭게, 그리고 깊이 되새겨야 할 때입니다. 생명은 본질적으로 수단이 아니라 목적입니다. 이는 물론 사람을 먼저 염두에 두고 하는 말입니다. 하지만 동식물이나 자연 생태계도 크게 다르지 않습니다. 어떤 생명이든 가볍게 여기고 하찮게 다루는 것은 나쁜 짓입니다. 모든 사람을 온전한 생명으로 대우해야 하며, 자연을 함부로 파괴하지 말아야 합니다. 현대 산업문명이 드리우는 어두운 그늘 아래서 독버섯처럼 자라나고 있는 갖가지 위기와 위험을 이겨 내려면 모든 살아 있는 존재를 아끼고 존중하고 사랑하는 '생명의 길'을 가야 합니다. 모든 생명이 소망하는 자유의 길, 평화의 길, 행복의 길이 여기에 있습니다.

이 책에는 이런 뜻, 이런 마음이 담겼습니다. 아무쪼록 이 책이 들려주는 다채로운 생명 이야기를 '머리'로만이 아니라 '가슴'으로도 귀 기울여 들을 수 있기를 바랍니다. 생명의 길은 단순한 지식을 넘어 생명에 대한 감수성과 상상력, 그리고 생명을 사랑하고자 하는 굳은 삶의 태도를 통해 열리기 때문입니다.

2015년 12월

장성익

1장
생명이란 무엇일까요?

담벼락에서 피어난 기적

미국 작가 오 헨리의 단편소설 가운데 『마지막 잎새』라는 작품이 있습니다. 널리 알려진 소설이라 아마 여러분 가운데에도 알고 있는 사람이 있을 테고, 읽어 본 사람도 더러 있을 듯합니다. 줄거리는 이렇지요.

뉴욕 맨해튼의 그리니치빌리지는 가난한 예술가들이 많이 모여 사는 동네입니다. 이곳에 이름 없는 화가들이 하나씩 둘씩 모여들면서 예술가촌이 시나브로 형성되기 시작할 무렵 있었던 일입니다. 친구 사이인 존시와 수는 어느 허름한 건물에 방을 얻어 그림을 그리면서 살고 있었습니다. 그런데 존시는 심한 폐병에 걸려 삶에 대한 희망과 의지를 잃은 채 자포자기의 심정에 빠져 지내고 있었습니다. 창문 너머로 내다보이는 건물 벽의 담쟁이덩굴 잎이 다 떨어지면 자기 생명도 끝날 것이라는 체념과 절망에 사로잡혀 있었지요.

이들의 아래층에는 베어먼이라는 나이 많은 주정뱅이 화가가 살고 있었습니다. 사람들에게 인정받지 못하는 그림을 그리며 술을 유일한 낙으로 여기는 사람이지요. 이 노인 화가는 존시가 담쟁이덩굴 잎에 자신의 운명을 걸고 있다는 얘기를 전해 듣고서 이들에게 격려의 말을 건네기도 하고 어리석은 생각이라며 화를 내기도 합니다.

그러던 어느 추운 겨울날이었습니다. 밤새 눈 섞인 비바람이 휘몰아쳤습니다. 다음날 아침 수와 존시는 창문을 열자마자 놀라운 광경을 보게 됩니다. 그 사나운 비바람에도 단 하나 남아 있던 마지막 잎이 떨어지지 않고 벽에 그대로 붙어 있었던 거지요. 기적 같은 일이 벌어진 겁니다. 이에 존시는 새로운 삶의 의욕과 희망을 되찾게 됩니다.

아, 그런데 슬픈 소식이 전해집니다. 베어먼 노인이 죽었다는 겁니다. 그것도 비에 흠뻑 젖어 얼음장처럼 차가워진 몸으로 말입니다. 그리고 그가 쓰러진 담쟁이덩굴 벽 밑에는 램프, 사다리, 붓이 놓여 있었습니다. 그러니까 그 노인 화가는 눈과 비바람이 휘몰아치던 그날 밤, 존시의 방에서 건너다보이는 건물 담벼락에 담쟁이덩굴의 마지막 잎을 직접 그리고 죽음을 맞이했던 거지요. 존시에게 극적으로 새로운 삶을 선사해 주었던 '마지막 잎'의 정체는 베어먼 노인

내 비록
무명작가지만
기적을 그려주지!
저 마지막 잎이
떨어지면…나도…
흑~

이 그린 그림이었던 겁니다. 이렇게 하여 베어먼 노인이 남긴 마지막 작품은 그가 평생 그리고자 갈망했던 '최고의 걸작'으로 빛나게 됩니다.

이 소설에 대해 많은 사람은 이런 평가들을 내놓습니다. 고귀한 자기희생의 정신, 진정한 예술과 사랑의 의미, 인간에 대한 깊은 이해 같은 것을 감동적으로 보여 준다고 말입니다. 두루 맞는 얘기지요. 하지만 여러분, 이 작품을 '생명'의 관점에서도 들여다볼 수 있지 않을까요?

삶을 포기한 채 무기력하게 죽음만 기다리던 존시를 살린 것은 베어먼 노인의 손으로 빚어진 가녀린 나뭇잎 한 장이었습니다. 살아야겠다는 의지를 샘솟게 하는 희망은, 고통과 절망에 빠진 사람을 일으켜 세우는 힘은, 다름 아닌 생명에서 나왔습니다. 그 생명을 창조한 갸륵한 사랑의 마음에서 비롯했습니다.

기적을 만들어 내는 것은 돈이나 권력이나 사회적 지위가 아닙니다. 겉으로 보기에 나뭇잎 한 장은 너무나 연약하고 보잘것없습니다. 하지만 거기엔 사람을 살리고 세상을 살리는 위대한 생명의 힘이 담겨 있습니다. 경이롭고도 소중한 생명에 대한 찬가. 우리는 『마지막 잎새』를 이렇게 읽을 수도 있지 않을까요?

황무지를 '기쁨의 땅'으로 바꾼 힘

다음은 프랑스 작가 장 지오노*의 대표작 『나무를 심은 사람』 이야기입니다.

* 장 지오노(Jean Giono, 1895~1970) 프랑스 작가로 제1차 세계대전을 겪은 후 평화주의자가 되었다. 대표작으로 『나무를 심은 사람』 『언덕』 등이 있다.

이 이야기는 어떤 젊은이가 프랑스 남동부의 산악지대를 걸어서 여행하다가 아주 특이한 노인을 만나는 데서 시작됩니다. 엘제아르 부피에라는 이름의 그 노인은 쇠막대를 땅에 꽂아 구멍을 내고 도토리 한 개를 넣은 다음 흙을 덮는 일을 되풀이하고 있었습니다. 황폐한 땅에 생명을 불어넣으려고 혼자서 양을 키우고 벌을 치면서 그는 그렇게 오랫동안 나무를 심어 오고 있었습니다.

옛날에 그곳은 숲이 무성했고 그 숲에 기대어 많은 사람이 모여 살았습니다. 그런데 갈수록 사람들의 이기심과 욕심이 커져 갔지요. 그 결과 서로 잘살겠다고 경쟁하고, 툭하면 다툼이 벌어지는 삭막한 곳으로 변하고 말았습니다. 울창했던 숲은 헐벗은 황무지로 바뀌었고, 견디다 못한 사람들은 모두 그곳을 떠나버리고 말았지요. 그런 곳에서 아내와 자식을 잃은 채 세상을 등지고 외롭게 살던 부피에 노인이 홀로 나무 심는 일을 시작한 겁니다.

한참 세월이 흐른 뒤 젊은이는 그곳을 다시 찾아갔습니다. 부피에 노인이 어떻게 살고 있는지, 그곳이 어떻게 변했는지 무척 궁금했으니까요. 그런데 놀랍게도 기적이 일어나 있었습니다. 사막 같았던 그 땅이 울창하고 아름다운 숲으로 바뀌어 있었던 겁니다. 메말랐던 땅에는 다시 물이 흐르고 있었습니다. 수많은 꽃들이 다투어 피고, 새들도 돌아와 아름답게 지저귀고 있었고요. 바람마저도 이전의 거칠고 사나운 돌풍에서 부드러운 산들바람으로 바뀌었습니다. 그 바람엔 아름다운 향기마저 실려 있었습니다.

숲만 되살아난 게 아니었습니다. 자연이 살아나자 떠났던 사람들 또한 꿈과 희망을 안고 다시 돌아왔습니다. 폐허와 다름없었던 황무지가 웃음과 노래 속에서 삶의 기쁨이 울려 퍼지는 생명의 땅으로 부활한 거지요. 수십 년 동안 아무런 이익이나 보상도 바라지 않은 채 혼자서 묵묵히 나무만 심어온 부피에 노인이 이런 놀라운 기적을 만들어 낸 것입니다.

이런 모습에 깊은 감명을 받은 젊은이는 새삼 깨닫습니다. 이 모든 것이 오직 순수한 한 사람의 손으로 이루어졌다는 것을, 세상을 바꾸는 힘은 아름다운 영혼과 흔들리지 않는 신념이라는 것을, 오직 한 가지 일에만 일생을 바치는

이 황폐한
땅에서 혼자 뭘
그렇게 열심히
하시는 거죠?
응? 보다시피
생명을 심고 있지.

삶을 통해 절망이 희망으로 바뀐다는 것을 말입니다.

자 여러분, 이 이야기에서도 기적을 일으키는 힘은 어디서 나왔나요? 그 힘을 솟구치게 한 부피에 노인의 믿음과 행동은 어디서 말미암았나요? 『마지막 잎새』와 마찬가지로 여기서도 어쩌면 주인공은 '생명'이라고 해야 할지 모릅니다.

생명이 사라지고 자연이 망가진 곳을 지배하는 것은 절망과 무기력, 불신과 다툼이었습니다. 하지만 생명이 되돌아오고 자연이 살아난 곳에 넘치는 것은 꿈과 희망, 삶의 기쁨이었습니다. 자연이 살아나니 사람이 살아났고, 사람이 행복해지자 자연도 행복해졌습니다. 생명을 중심으로 어우러지는 사람과 자연의 아름다운 조화. 『나무를 심은 사람』을 이렇게 읽을 수도 있지 않을까요?

우리가 들이마시는 산소는 어디서 올까?

자 여러분, 이제 우리는 '생명'에 대한 이야기를 막 시작했습니다. 먼저 두 소설을 통해 생명이 지닌 고귀한 힘과 소중함, 그리고 아름다움을 살펴보았습니다. 사람과 자연이 생명이라는 공통의 연결고리로 어떻게 관계 맺고 있는지도 확인해 보았습니다.

그럼, 여기서 생명에 대한 이야기를 좀 더 본격적으로 펼치기 전에 가벼운 질문 하나를 던져 볼까요? 우리가 들이마시는 산소는 어디서 올까요? 숲과 나무라고요? 네, 맞습니다. 당연한 대답이지요. 하지만 절반은 틀린 답이기도 합니다. 무슨 얘기냐고요?

결론부터 먼저 말하면, 우리가 숨 쉬는 산소의 절반은 바다에서 옵니다. 바다에 사는 작은 식물 플랑크톤이 그 주인공이지요.

1988년 미국의 어느 과학자가 광합성을 하는 가장 작은 생물인 동시에 가장 수가 많은 생물인 '프로클로로코쿠스'라는 식물 플랑크톤의 존재를 발표한 적이 있습니다. 이것의 크기는 0.001밀리미터의 절반에 지나지 않는다고 합니다. 현미경으로도 잘 보이지 않을 만큼 작은 단세포 생물로, 지름이 사람 머리카락의 50분의 1도 안 되지요. 이 작은 생물이 바닷물 한 방울에 많게는 수십만 개나 들어 있다고 합니다. 주로 바다 표면에서 200미터 이내를 떠다니는 바로 이 작디작은 생물이 지구에서 벌어지는 모든 광합성 활동의 무려 절반을 떠맡고 있습니다.

이산화탄소를 지구상에 있는 모든 식물을 합친 것만큼

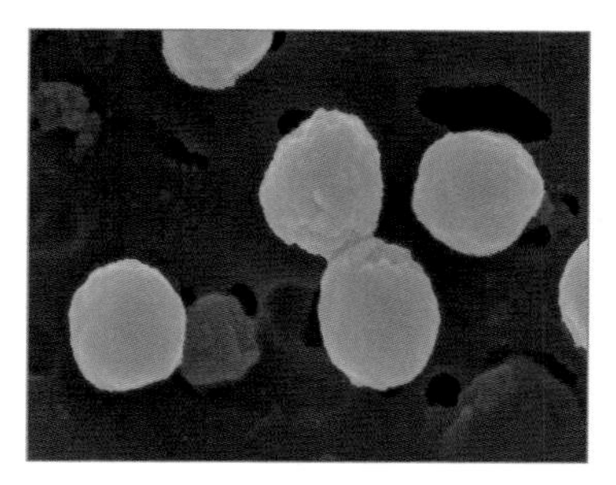

프로클로로코쿠스
출처: © Anne Thompson, Chisholm Lab, MIT

많이 빨아들이는 게 바로 이 티끌보다 작은 플랑크톤입니다. 이들이 없다면 지구온난화를 일으키는 이산화탄소 농도가 세 배나 짙어지리라는 것이 전문가들의 연구 결과지요. 이런 생명체들은 눈으로 볼 수 없기 때문에 바다가 물고기 같은 일정 크기 이상의 생물들만 돌아다니는 텅 빈 곳으로 여겨질 수도 있습니다. 하지만 지구상에서 가장 많은 숫자를 차지하고 있는, 눈에 보이지도 않는 이 생물이야말로 어쩌면 바다의 진정한 주인이라고 해야 할지 모릅니다.

이처럼 생명의 세계는 무척이나 신비롭고 경이롭습니다. 도저히 생명체가 살 수 없을 것처럼 여겨지는 곳에서도 생명의 약동은 멈추지 않습니다. 이를테면, 펄펄 끓는 물이 솟구치는 온천, 압력이 엄청나게 센 수천 미터 깊이의 바다 밑바닥, 땅 위의 모든 게 꽁꽁 얼어붙는 극지 바다의 차

프로클로로코쿠스

내가 지구 광합성 활동의 절반을 합니다.

0.001 밀리미터 보다 작지만 세계에서 가장 수가 많아요.

난 보이지 않고 만질 수 없지만 틀림없이 존재합니다.

바닷물 한 방울에 수십만개나 들어 있다고!

나야말로 지구의 진정한 주인공이죠.

디찬 물에도 생명체가 살아갑니다. 우리가 세균이라 부르는 생물이 바로 그것이지요. 햇빛이 전혀 미치지 않는 땅속 깊은 곳에도 암석에서 영양분을 섭취하는 미생물이 살고요.

이런 생물들은 볼 수도 없고 만질 수도 없습니다. 하지만 이처럼 하찮게 보이는 생물도 인간과 마찬가지로 지구의 자연 생태계를 구성하는 어엿한 주인공이라고 할 수 있습니다. 저토록 험난한 악조건 속에서도 생명을 이어가는 걸 보면, 아마도 이들은 지상의 덩치 큰 생물들이 멸종하더라도 악착같이 살아남아 새로운 형태의 생물로 진화해 나갈지도 모릅니다.

생명은 지극히 다양합니다. 생명은 더없이 무궁무진합니다. 그리고 어떤 생명이든, 그것이 비록 인간의 관점에서는 하잘것없는 것처럼 보여도, 저마다 자기 자리에서 자신의 존재 이유를 가지고 각자에게 맞는 방식으로 살아갑니다. 이것이 생명 세계의 모습입니다.

동식물 하나쯤 없어져도 괜찮다고?

그런데 안타깝게도 이처럼 오묘한 생명의 세계가 오늘날 큰 수난을 당하고 있습니다. 무엇보다 수많은 생물이 아주 빠르게 사라지고 있습니다. 이른바 '생물종 멸종' 사태지요.

학자들에 따르면, 동물과 식물을 통틀어 이 지구상에서 살아가는 생물종 수는 모두 1,400만 종쯤이라고 합니다. 무려 1억 종에 이를 거라고 주장하는 전문가들도 있고요. 생명의 세계는 이처럼 엄청나고 웅장합니다. 그 가운데 공식적으로 확인되고 분류된 생물종은 200만 종도 채 되지 않습니다.

한데 전문가들은 이 다양한 생물종이 20분마다 하나씩 지구에서 사라지고 있다는 조사 결과를 내놓고 있습니다. 유엔 보고서에 따르면, 1970년에서 2006년 사이에 야생 척추동물 종류의 3분의 1이 사라졌다고 합니다. 식물종은 4분의 1 가량이 멸종 위기에 놓여 있고요. 지구온난화로 2050년까지 지구 평균 기온이 2도 올라가면 지구상 동식물의 4분의 1이 멸종하고, 지금 추세대로라면 21세기 말까지 생물의 절반이 멸종할 것으로 내다보는 학자도 있습니다.

문제는 멸종이란 게 단지 하나의 생물종이 사라지는 데서 끝나는 게 아니라는 점입니다. 먹이사슬을 보면 잘 알 수 있습니다. 먹이사슬이란 자연 생태계 안에서 서로 먹고 먹히는 생물들 사이의 관계를 가리키는 말입니다. 이 관계가 사슬처럼 연결돼 있어서 이런 이름이 붙었지요. 보통은 녹색 식물 → 초식 동물 → 작은 육식 동물 → 큰 육식 동물의 순서를 따라 먹이사슬이 이루어집니다. 예를 들면 풀 → 메뚜기 → 개구리 → 뱀 → 매의 순으로 차례차례 잡아먹는 식이지요.

그런데 만약 이 먹이사슬에서 메뚜기가 멸종되어 사라진다면 어떤 일이 벌어질까요? 또는 뱀이 그렇게 된다면요? 메뚜기나 뱀을 잡아먹고 살아가는 다른 생물종도 먹이가 없어지거나 줄어드니 생존에 큰 타격을 받을 수밖에 없지요. 결국 한 생물종이 멸종하면 그것이 줄줄이 연쇄 작용을 일으켜 먹이사슬 전체가 망가질 수밖에 없습니다. 그리고 이것은 자연 생태계의 파괴로 이어지기 마련입니다. 그러므로 생물 멸종은 서로 연결돼 있는 자연 생태계 전체의 그물망에 '구멍'이 뚫렸다는 것을 뜻합니다. 모든 생명체와 자연을 긴밀하게 이어 주고 엮어 주는 연결고리가 끊어졌다는 얘기지요. 생물 멸종을 자연 전체의 파괴와 죽음을 알리는 강력한 경보음이라고 하는 까닭이 여기에 있습니다.

그럼 이런 대규모 생물 멸종 사태는 왜 일어날까요?

지구 역사에서 생물종 멸종은 생태계에 큰 변화가 닥쳤을 때 가끔씩 일어나던 일입니다. 하지만 지금의 생물 멸종을 일으키는 주범은 인간입니다. 개발과 경제성장, 지구온난화와 기후변화, 생물 서식지 파괴, 환경오염, 남획 등과 같이 인간이 하는 일이나 활동이 생물 멸종의 주요 원인이니까요.

그럼에도 생물 멸종을 심각한 문제로 여기는 사람은 그리 많지 않은 듯합니다. 동물이나 식물 하나쯤 없어지는 게 나와 무슨 상관이 있느냐고 대수롭지 않게 여기는 사람이 많지요. 하지만 이 세상에 쓸모없는 생명이란 없습니다. 자연 속에서 살아가는 수많은 동식물은 얼핏 별다른 가치가 없는 것처럼 보이지만 사실은 그렇지 않습니다. 특히 우리 인간에게 필요한 도움을 주는 게 무척 많지요.

예를 들어 볼까요? 은행나무 잎에는 피의 순환을 돕는 성분이 들어 있고, 버드나무에서는 아스피린 원료가 나옵니다. 지렁이에서는 혈전 용해제*가 나오고, 개구리 피부에서는 항생제가 나옵니다.

이런 예를 들자면 끝도 없습니다. 바로 이 때문에 자연은 '천연 약국'이라고 할 수 있습니다. 우리가 먹는 약뿐만이 아니라 인간 생활에 꼭 필요한 대부분의 원료는 자연과 생물에서 나옵니다. 특

* **혈전 용해제** 혈관 속에서 피가 굳어져 생긴 조그마한 핏덩이를 혈전이라 하는데 이것을 녹이는 약품이다.

히 식물과 미생물에 들어 있는 특정 성분들은 새로운 치료약 개발이나 산업 활동 등에 소중하게 쓰일 때가 많습니다. 그래서 생물종이 줄어든다는 것은 우리가 지금 활용하고 있고 또 앞으로도 활용해야 할 소중한 자원이 사라진다는 걸 뜻합니다.

하지만 동식물의 가치를 꼭 사람에게 쓸모가 있는지 여부에 따라서만 평가하는 건 짧은 생각입니다. 어떤 생명체든 하나하나 그 자체로 존중받아야 할 가치와 의미가 있으니까요. 인간과 동식물을 포함해 모든 생명체는 지구라는 하나의 배에 탄 동료들이라고 할 수 있습니다. 그러므로 사람은 지구의 지배자나 정복자도 아니고, 주인도 아닙니다. 사람 역시 자연의 일부이지요.

이 세상에 쓸모없는 것이란 없습니다. 모든 게 다 귀합니다. '살아 있는 생명'이라면 더더욱 그렇지요. 그러므로 자연과 동식물에 닥치는 일은 나와 상관없는 게 아닙니다. 직접적으로든 간접적으로든, 크든 작든, 지금 당장이든 먼 미래든, 나에게 영향을 미치기 마련이지요. 이것이 생명 세계의 질서이자 이치입니다. 그래서 우리는 나 자신을 포함해 이 세상에 존재하는 모든 생명을 사랑하는 마음으로 아끼고 보살피고 감싸 안을 줄 알아야 합니다.

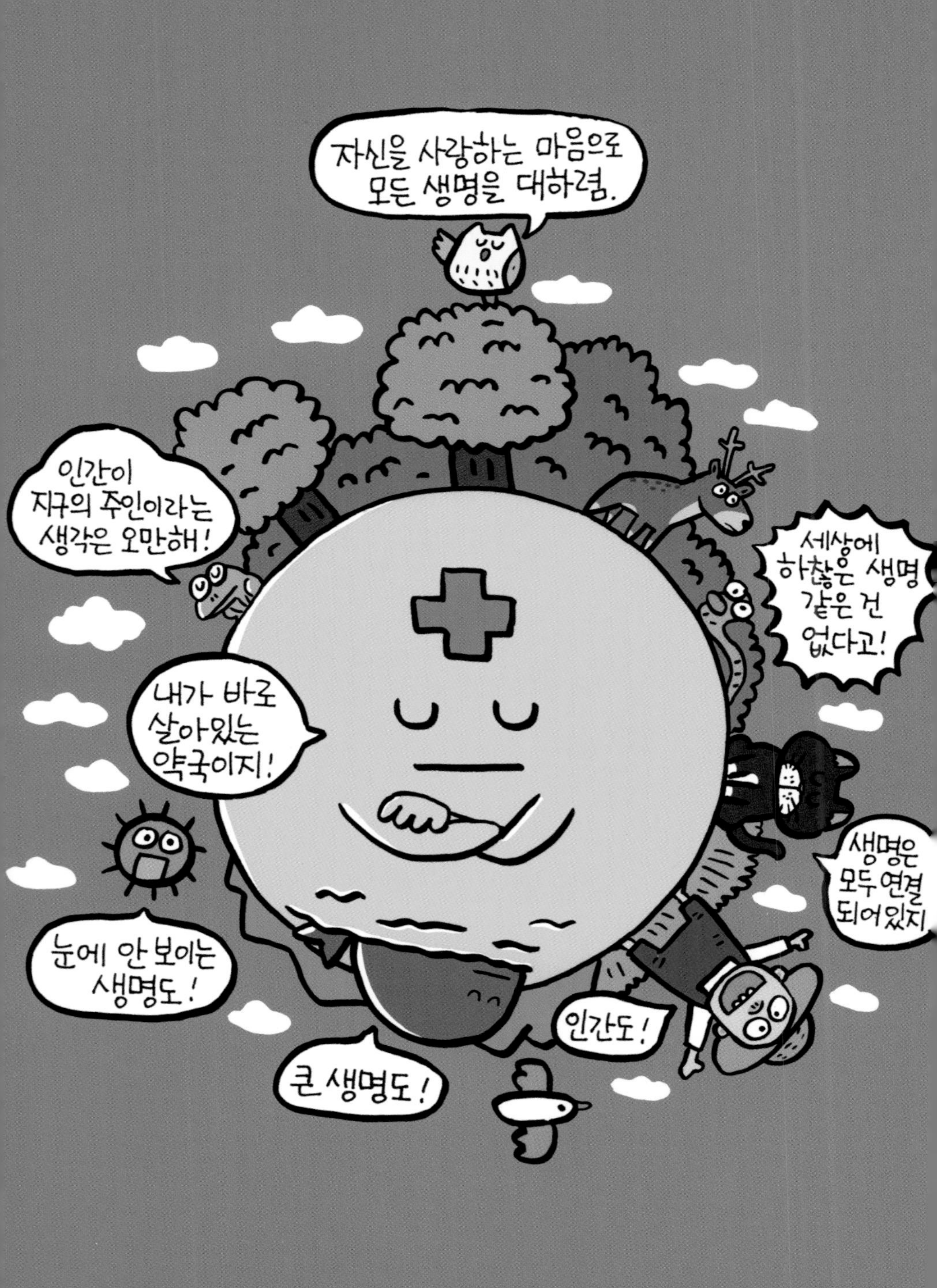
자신을 사랑하는 마음으로
모든 생명을 대하렴.
인간이
지구의 주인이라는
생각은 오만해!
세상에
하찮은 생명
같은 건
없다고!
내가 바로
살아있는
약국이지!
생명은
모두 연결
되어있지
눈에 안 보이는
생명도!
인간도!
큰 생명도!

생명의 세계, 경이롭고 신비로워라

생명 세계의 참모습은 계절의 변화에서도 엿볼 수 있습니다. 지금이 겨울이라면 봄은 없는 걸까요? 눈앞을 분간하기 힘들 정도로 거센 눈보라가 휘몰아치는 겨울 숲을 한번 떠올려 보세요. 모든 나무가 죽은 듯 메마른 나뭇가지만 앙상하게 바람에 떨고 있지요. 이런 풍경에서 봄을 떠올리기란 쉽지 않습니다.

하지만 이것은 땅 위의 모습일 뿐입니다. 얼어붙은 땅 아래에서 봄은 여전히 살아 숨 쉬고 있습니다. 모든 나무는 한겨울에도 대지에 단단히 뿌리를 박고서 끈질긴 생명을 꿋꿋이 이어 가고 있습니다. 그렇게 스스로를 갈무리하면서 머지않아 다가올 따뜻한 봄날을 기다리지요. 겉으로 드러난 앙상한 모습과는 달리 살아 있는 나무는 자신이 뿌리내린 대지에서 물과 영양분을 끊임없이 빨아들이며 생명의 약동을 멈추지 않습니다. 그러니 봄은 이미 겨울 속에 와 있는 셈이지요. 겨울은 이처럼 제 속에 봄을 보듬어 안고 있습니다.

그러다 봄이 다가오면 어떻게 되나요? 추위가 물러가기 시작하면 나무는 겨우내 비축해 둔 에너지를 맘껏 뿜어냅니다. 몸피에 윤기가 흐르고, 연둣빛 이파리가 반짝반짝 빛을 받으며 고개를 쑥쑥 내밀기 시작하지요. 그럴 때면 나무를 쓰다듬고 지나가는 바람에도, 따스하게 내리쬐는 아침햇살에도, 나무와 대지를 상쾌하게 적시며 내리는 빗줄기에도 활력과 생기가 넘칩니다. 생명의 찬란한 아우성이자 기지개지요. 그 속에서 새가 노래 부르고, 벌레가 기어 다니고, 나비가 날아다닙니다. 숲은 그렇게 제 품에서 살아가는 생명들이 내뿜는 에너지로 한껏 부풀어 올라 한바탕 부활의 축제를 열지요.

이처럼 겨울과 봄은 서로 겹치고 스미면서 동시에 존재합니다. 생각해 보면 모든 계절이 다 그러합니다. 세상만물이 그렇게 돌아가고 우리의 삶도 그렇게 흘러갑니다. 이것이 자연의 순환이자 리듬입니다. 이것이 생명의 섭리입니다.

물에 대해서도 한번 생각해 볼까요? 컵에 담긴 물은 그저 마시는 물에 지나지 않습니다. 하지만 그 물에는 구름, 비, 눈, 얼음, 빙하, 무지개, 이슬 등이 모두 담겨 있습니다. 시냇물, 강, 호수, 연못, 늪, 폭포, 샘물, 지하수, 바다 등도 모두 담겨 있고요. 그래서 지금 내가 마시는 물은 한때 북극의 눈보라였을 수도 있고 아프리카 사하라 사막에 떴던 무지개였을 수도 있습니다.

물이 순환하는 과정을 떠올려 봐도 좋겠네요. 물은 끊임없이 움직이고 옮겨 다니며 몸을 바꿉니다. 그러면서 자연

경이로운 변화를 연결해주세요.

의 음악을 다채롭게 연주합니다.

태양이 바다를 비추면 바닷물이 증발해 구름이 생깁니다. 구름은 바람을 타고 여기저기로 흘러 다니면서 비를 뿌리지요. 땅에 떨어진 빗물은 시냇물과 강을 따라 이동하면서 다시 바다에 이르게 됩니다. 빗물 가운데 일부는 땅 밑으로 스며들어 지하수가 되고요. 이렇게 보면 물에는 하늘과 땅과 바다가 서로 어울려 빚어 내는 자연의 화음이 배어 있다고 할 수 있습니다. 이처럼 보이는 것에서 보이지 않는 것을 상상할 때 자연과 생명의 참 모습을 온전히 이해할 수 있습니다.

생명의 세계는 이처럼 경이롭고 신비롭습니다. 무궁무진한 생각거리와 얘깃거리를 품고 있지요. 인간인 우리는 이런 생명 세계에 하나의 구성원으로 참여해 다른 생명과 더불어 살아가고 있습니다. 생명에 대한 이해와 감수성이 높아질수록 우리는 좀 더 겸손해지고 너그러워집니다. 생명의 세계, 생명의 역사를 더듬어 볼수록 지금 내가 서 있는 자리는 물론 내가 이제까지 걸어온 길과 앞으로 갈 길을 더욱 지혜롭게 성찰할 수 있습니다. 그럼으로써 우리는 좀 더 깊어지고 넓어지고 높아지는 경험을 하게 됩니다.

살아 숨 쉬는 지구

여러분, 혹시 '가이아'라는 말을 들어 봤나요? 가이아는 그리스 신화에 나오는 대지의 여신입니다. 곧 지구를 뜻하지요. 영국 과학자 제임스 러브록(James Lovelock, 1919~)은 여기서 아이디어를 얻어 1978년에 '가이아 이론'이란 것을 내놓았습니다. 가이아란 지구에 살고 있는 생물, 공기, 땅, 바다 등을 모두 아우르는 하나의 범지구적 실체를 뜻합니다. 이 이론의 핵심은 이런 지구가 살아 있는 하나의 거대한 유기체라는 것입니다. 즉, 지구를 생물과 무생물이 상호 작용하는 생명체로 이해한다는 얘기지요. 발표 당시 주류 과학자들한테서 말도 안 되는 엉터리 이론이라고 큰 비난을 받기도 했습니다. 하지만 환경 위기가 갈수록 깊어지면서 지구와 생명 세계를 통합적이고 유기체적으로 바라보는 새로운 관점을 제공해 주었다는 평가를 받습니다.

'근대 환경윤리의 아버지'라 일컬어지는 미국 생태학자 알도 레오폴드(Aldo Leopold, 1887~1948)는 1949년에 펴낸 『모래 군(郡)의 열두 달』이라는 책에서 자연과 생명을 바라보는 시각을 근원적으로 바꾸어야 한다고 주장했습니다. 자연을 인간도 함께 속하는 '생명 공동체'로 보아야 한다고 강조한 그는, 사람한테만 적용됐던 윤리를 동식물은 물론 대지에까지 넓혀서 적용해야 한다고 말했습니다. 땅을 인간이 소유하는 재산이 아니라 건강할 수도 아플 수도 있는 유기체로 여겨야 한다는 거지요. 그는 이렇게 말했습니다.

"거대한 진화의 역사에서 인간은 주인이 아니라 다른 생명체들의 동료 항해자일 뿐이다. 공기와 바람이 우리의 것이 아니듯이 땅 역시 우리의 것이 아니다. 땅은 자연 공동체의 일부다."

이런 얘기들을 간추리면 한마디로 '유기체적 세계관'이라 할 수 있습니다. 유기체란 각 부분과 전체가 긴밀하게 하나로 연결되고 얽혀 있는 조직체를 말합니다. 우리의 몸을 한번 떠올려 보세요. 몸을 이루는 세포 유전자 안에는 몸 전체가 다 담겨 있습니다. 몸의 어느 한 부분이 아플 때는 몸 전체에서 통증을 느끼고, 기쁜 일이 생기면 몸 전체가 환희를 느낍니다. 유기체적 세계관에서는 자연도 우리 몸과 마찬가지로 모든 것이 서로 연결되어 있는 것으로 여깁니다.

이것에 반대되는 것이 '기계론적 세계관'입니다. 이것을 쉽게 이해하려면 자동차나 시계를 떠올리면 됩니다. 자동차가 수많은 부품의 조합으로 만들어지듯이, 몸이나 자연도 원자나 분자의 단순한 집합체라는 거지요.

지구는 하나의
생명체야!
부품처럼 교체할 수
있는 게 아니라고!
고장난 부분 있으면
말씀해 주세요!
대지의
여신 가이아
얼마나
더 망가
트리려고…
유기체적
세계관
기계론적
세계관

그러므로 여기서 부분은 전체와는 따로 떨어진 독립체입니다. 부품이 고장 나면 교체하면 그만이고, 그럴 때 전체가 고통이나 슬픔을 느끼지 않습니다. 기계에 영혼이 없는 것처럼, 여기선 계산할 수 없고 측정할 수 없는 정신이나 마음 같은 건 중요하지 않습니다. 대신에 힘, 양, 효율성, 속도 따위가 중요하지요.

현대 산업주의 물질문명의 바탕에 깔려 있는 게 기계론적 세계관입니다. 이런 세계관으로 인류는 아주 짧은 기간에 놀라운 경제성장과 물질의 풍요를 이룩했습니다. 하지만 그 대가로 오늘날 환경 위기, 생명의 위기, 삶의 위기, 사회와 공동체의 위기가 돌이킬 수 없을 정도로 깊어졌습니다. 이 지구와 인류의 지속 가능한 생존 자체가 위협받을 정도지요.

이제 근본적으로 방향을 바꾸어야 합니다. 생명의 가치와 의미를 새롭게 되새겨야 합니다. 이럴 때 길잡이 구실을 해 줄 수 있는 게 유기체적 세계관입니다.

2장

동물은 우리에게 뭘까요?

소에게 소를 먹이다니

광우병이란 게 있습니다. 소의 뇌에 구멍이 숭숭 뚫리고 다리로 몸을 지탱하지 못해 비척거리며 이상한 행동을 하다가 결국은 죽음에 이르는 무서운 병이지요. 이 병을 일으키는 병원균은 요리를 하거나 삶아도 죽지 않으며, 사람에게도 전염됩니다. 광우병에 걸린 소의 고기를 먹고 이 병에 걸리면 사람도 고통스럽게 죽게 됩니다.

그런데 광우병은 왜 발생할까요? 그것은 본래 풀을 먹고 사는 초식동물인 소에게 동물성 사료를 먹인 탓입니다. 자연의 질서와 동물의 본성을 망가뜨렸다는 얘기지요. 심지어는 소의 뼈와 살, 그리고 고기를 발라내고 남은 찌꺼기를 사료로 만들어 소에게 다시 먹이기도 합니다. 소에게 자신의 동족을 먹이는 셈이지요.

이렇게 하는 건 적은 돈만 들여 최대한 빨리 소를 키우기 위해서입니다. 그래야 고기를 많이 팔고 더 많은 돈을 벌 수 있으니까요. 결국 돈을 더 많이 벌려는 인간의 탐욕이 광우병 같은 섬뜩한 병을 만들어 냈다는 얘깁니다.

한때 사람들은 의학의 눈부신 발달로 모든 전염병을 정복했다고 우쭐댔습니다. 그러나 웬걸, 현실은 거꾸로 가고 있습니다. 오히려 예상치 못한 새로운 질병이 계속 생겨나고 있습니다. 닭과 오리 같은 동물이 걸리는 조류독감, 소와 돼지처럼 발굽이 두 개인 동물이 주로 걸리는 구제역,

사람에게 죽음과 치명적인 위험을 안기는 사스(SARS, 중증급성호흡기증후군)와 메르스(MERS, 중동호흡기증후군) 같은 것들이 대표적이지요.

이런 전염병 가운데에서도 특히 가축 전염병이 유행하게 된 가장 큰 원인은 뭘까요? 그것은 가축을 기르는 환경에 있습니다. 특히 고기를 좀 더 많이, 좀 더 값싸게 얻으려고 아주 좁은 곳에 엄청나게 많은 가축을 한꺼번에 몰아넣어 사육하는 게 가장 큰 문제입니다. 이를 '밀집 사육'이라고 하지요. 대표적으로 달걀을 낳는 닭의 경우, 닭 한 마리에게 평생 주어지는 공간이 A4 용지 한 장 넓이도 채 되지 않습니다.

결국, 인간의 지나친 탐욕이 자연의 본성과 생태계의 원래 먹이사슬을 망가뜨리면서 동물을 끝없이 학대하고 있는 거지요. 가축 전염병을 '동물의 역습' 혹은 '자연의 반격'이라고 부르는 이유가 여기에 있습니다.

동물을 이렇게 대해도 될까?

이처럼 신종 가축 전염병을 일으키고 동물 학대를 일삼는 현대의 축산 방식을 '공장식 산업 축산'이라 부릅니다. 동물을 살아 있는 생명체가 아니라 공장에서 물건을 마구 찍어내는 기계 같은 것으로 여기는 탓에 이런 이름이 붙었지요.

이런 시스템 아래서 동물은 어떻게 살고 있을까요?

먼저 몸을 뒤척이기도 어려울 정도로 비좁은 닭장에 평생 갇혀서 살아가는 달걀 낳는 닭을 살펴보겠습니다. 이곳에서 병아리는 태어난 지 일주일쯤 되면 부리가 잘려 나갑니다. 그 이유는 스트레스를 받은 닭들이 다른 닭을 부리로 쪼는 것을 미리 막기 위해서이지요.

본래 닭은 모이를 찾아 돌아다니고, 둥지를 틀고, 횃대에 올라앉고, 모래 목욕을 하고, 날개를 퍼덕거리는 것과 같은 여러 가지 활동을 하면서 사는 게 정상입니다. 하지만 여기서 닭이 할 수 있는 일은 아무것도 없습니다. 달걀을 최대한 많이 낳도록 밤에도 낮과 같은 상태를 유지하기 위해 인공조명을 환히 밝히기도 합니다. 잠도 제대로 잘 수 없게 하는 거지요.

이렇게 1년 정도가 지나면 '강제 털갈이'라는 무서운 절차가 기다리고 있습니다. 닭은 태어난 지 1년쯤 지나면 털갈이를 하는데 이때는 달걀 낳는 게 뜸해집니다. 강제 털갈이란 닭이 털갈이를 할 시기에 5~9일 정도 사료를 주지 않고 닭을 강제로 굶겨 인공적으로 털갈이를 시키는 것을 말합니다. 이렇게 강제 털갈이를 시키면 자연 상태에서는 12~16주 정도 걸리는 털갈이가 6~8주 만에 끝나게 됩니다. 그 후에 사료를 주기 시작하면 달걀을 낳기 시작하지요. 강제 털갈이를 시키는 이유는 바로 더 많은 달걀을 얻기 위해서인 것입니다. 설사 굶어서 죽는 닭이 생기더라도 이렇게 하는 게 훨씬 더 큰 이익을 안겨 줍니다. 참고로, 유럽 여러 나라에서는 이미 오래 전부터 이처럼 굶기는 방식의 강제 털갈이를 법으로 금지하고 있습니다.

자연 상태에서 닭은 해마다 달걀을 200~300개씩 낳습니다. 그리고 보통 20년 이상은 거뜬히 삽니다. 하지만 공장식 닭장의 닭은 2년 정도 지나면 알을 낳는 능력이 크게 떨어집니다. 인간 입장에서 보면 쓸모가 없어지는 셈이지요. 그래서 그런 닭은 죽여서 동남아시아 같은 곳으로 싼값에 팔아 치웁니다.

달걀을 낳는 닭뿐만 아니라 고기로 먹는 닭의 처지도 비참하기는 마찬가지입니다. 특히 닭을 죽이는 과정은 무척 잔인합니다. 돈을 많이 벌려면 짧은 시간 안에 최대한 많은 닭을 죽여야 하니까요.

닭을 잡는 도살 기계는 아주 빠르게 돌아갑니다. 닭들은 거꾸로 매달린 채 도살 라인을 지나면서 전기가 흐르는 수조에 머리가 처박히게 됩니다. 강한 전기 충격으로 닭을 기절시켜 무의식 상태로 만들려는 거지요. 하지만 기계의 속도가 워낙 빠른 탓에 전기 충격을 제대로 받지 못한 닭은 의식과 감각이 살아 있는 상태에서 다음 단계인 목 절단기로 넘어가게 됩니다. 닭으로서는 엄청난 공포와 고통 속에서 죽음을 맞이하게 되는 거지요.

그런데 이 목 절단기도 아주 빠르게 돌아갑니다. 그래서 닭의 목이 제대로 잘리지 않을 때가 있습니다. 이런 닭은 여전히 의식과 감각이 살아 있는 채로 다음 단계인 펄펄 끓는 물이 담긴 탱크에 빠지게 됩니다. 산 채로 삶아지는 거지요. 닭들은 비명을 지르고 퍼덕퍼덕 발버둥을 치면서 죽어 갑니다.

이런 일이 벌어지는 이유는 딱 하나입니다. 가장 적은 비용으로 가장 큰 수익을 올리는 것이 현대 공장식 산업 축산의 목적이기 때문입니다.

돼지의 상황도 크게 다르지 않습니다. 고기용으로 사육되는 대부분의 돼지 또한 콘크리트와 강철로 만들어진 비좁은 축사에 갇혀 지냅니다. 평생 단 한 번도 바깥나들이를 할 수 없고, 땅도 밟지 못하지요. 이런 곳에서 돼지는 닭이 부리를 잘리는 것처럼 꼬리를 잘릴 때가 많습니다. 스트레스로 서로의 꼬리를 물어뜯어 상처를 입히는 일을 막기 위해서지요.

가장 비참한 건 번식용 암퇘지입니다. 이 돼지에게 주어진 단 하나의 임무는 최대한 빨리, 그리고 최대한 많이 새끼를 낳는 것입니다. 그것도 평생을 말입니다. 그래서 이 돼지는 생애 대부분을 새끼를 밴 상태로 살아야 합니다. 그것도 너무 비좁아서 몸을 움직이기도 어려운 '임신용 우리'에 한 마리씩 가두어진 채로 말입니다.

그러다 새끼를 낳을 때가 되면 이번엔 '출산용 우리'에 갇힙니다. 출산용 우리는 돼지가 하나의 자세만을 계속 유지하도록 만들어져 있습니다. 여기엔 두 가지 이유가 있습니다. 하나는 새끼돼지들이 언제든 어미돼지의 젖꼭지를 물 수 있도록 자세를 고정시켜 두기 위함입니다. 또 하나는 돼지가 돌아누울 수 없도록 하기 위함입니다. 어미돼지가 돌아눕다가 새끼들이 깔려 죽을 수도 있으니까요. 이렇게 살아가는 것이 오늘날 수많은 돼지의 서글픈 운명입니다.

이처럼 오늘날 공장식 축산 시스템에서 동물은 생명이 아니라 물건이나 상품으로 다루어집니다.

이건
지옥이야…

아…
움직일 수가
없어.

인간이라고 생각해봐!
우린 기계가 아니라고!
살아있는 생명이라고!
이건 너무
끔찍하구나.

그런데 여러분은 고기를 먹을 때 그 고기가 살아 있는 동물한테서 나온 것이라는 사실을 느낄 때가 있나요? 고기를 먹을 때 들판을 자유롭게 돌아다니는 동물 본래의 모습을 떠올리기는 쉽지 않습니다. 마트나 시장에서 사오는 고기는 대부분 조각조각 잘려 있고, 뼈가 발라진 채 포장지나 용기에 싸여 있습니다. 동물은 그저 고기 조각, 저민 베이컨 조각, 얇은 살코기, 도톰한 스테이크 따위로만 존재하지요.

개나 고양이 같은 반려동물을 제외하면 우리 생활에서 가축은 거의 사라지다시피 했습니다. 동물이 학대당하는 현장을 직접 볼 수 없으니 동물에 대한 애정이나 공감대도 옅어져 버리고 말았습니다.

그런데 여러분, 공장식 축산 시스템으로 고통을 당하는 게 동물뿐일까요? 피해를 보는 건 사람도 마찬가지입니다. 앞서 살펴본 가축 전염병이 대표적인 예이지요. 하지만 이뿐만이 아닙니다. 그 밖에도 다양한 과정을 통해 사람에게 고통이 돌아오고 있습니다.

돈벌이가 목적인 현대 축산업에서는 동물을 최대한 빨리 키워서 고기의 양을 늘려야 하고, 동물이 병에 걸리지 말아야 합니다. 그래서 동물에게 성장촉진제, 항생제, 호르몬, 영양제 같은 것들을 마구잡이로 먹이고 있습니다. 그런데 이런 약물은 동물의 몸과 건강을 망가뜨리고 지나치게 많이 사용해 여러 가지 문제를 낳습니다.

예컨대, 만약에 사람이 공장식 축산 시스템의 닭처럼 길러진다면 두 살쯤 되는 시기에 몸무게가 158킬로그램에 이르게 될 거라는 연구 결과가 있습니다. 그러니 이런 식으로 키워지는 동물의 건강이 얼마나 크게 망가질지는 불을 보듯 뻔한 일입니다. 힘줄이 늘어나거나 찢어지고, 나이 든 동물처럼 관절 질환을 앓거나 다리를 절기도 하고, 호흡기나 혈관이나 폐 등이 망가지기도 하지요.

지나친 항생제 사용도 아주 큰 문제입니다. 아주 비좁고 비위생적인 환경에서 살아가는 동물들은 병에 걸리기 쉽습니다. 더구나 빽빽하게 밀집 사육을 하는 탓에 한 마리가 병에 걸리면 그 병이 삽시간에 모든 동물로 퍼지기 십상이지요. 그러니 항생제를 대량으로 사용할 수밖에 없습니다. 예를 들어 미국에서 소비되는 전체 항생제의 70퍼센트가 가축에 사용되는데, 이것은 사람에게 쓰이는 항생제의 8배가 넘는 양이라고 합니다. 우리나라는 가축 항생제 사용량이 세계 1위로 꼽힐 만큼 그 정도가 더욱 심하고요.

동물을 빨리 키우기 위한 성장촉진제나 항생제 등의 약물은 동물한테도 안 좋지만 그 동물의 고기를 먹은 사람에게도 아주 나쁜 영향을 미칩니다. 성장 호르몬을 주사한 동물의 고기를 사람이 먹으면 그 고기에 남아 있는 호르몬이 암이나 생식기 질환을 일으킬 수도 있고, 호르몬 균형을 깨뜨릴 수도 있다고 합니다.

그 밖에도 공장식 축산 시스템은 여러 가지 이유로 문제가 많습니다. 공장식 축산 시스템에서 나오는 대량의 가축 배설물은 자연을 크게 오염시키고, 농장이나 사육장에서 일하는 사람과 주변 이웃의 건강도 해치게 됩니다. 현대 축산업은 석유를 비롯한 화석연료를 엄청나게 많이 사용하고 온실가스를 대량으로 배출합니다. 가축 사료로 쓰이는 곡물을 대규모로 재배하는 것도 문제입니다. 화학비료와 농약, 농기계를 지나치게 많이 사용하는 탓입니다. 이 모든 건 석유에서 나왔고 석유로 움직입니다. 그래서 이런 사료를 먹고 자란 가축을 '화석연료 기계'라 부르기도 하지요.

그뿐만이 아닙니다. 전 세계적으로 경작할 수 있는 땅 가운데 무려 3분의 1이 가축 사료용 작물 생산에 이용되고 있다고 합니다. 대규모 축산 단지와 목축장, 사료용 곡물 경작지를 개발하는 과정에서 벌어지는 숲 파괴도 심각합니다. 특히 생물 다양성의 보물창고인 열대우림 파괴가 심각하지요.

물 낭비도 심합니다. 어떤 연구 결과에 따르면, 햄버거용 쇠고기를 만드는 데 필요한 물이 같은 양의 빵을 만드는 데 필요한 물의 12배나 된다고 합니다.

바로 이런 이유들 탓에 오늘날의 축산 시스템을 '환경 재난'이라고 일컫는 사람도 있고, "거의 모든 환경문제의 바탕에 고기에 대한 인간의 끝없는 욕망이 깔려 있다"고 말하는 사람도 있습니다. 사람은 육식으로 몸에 필요한 단백질의 3분의 1을 얻지만, 가축을 사육하려면 지구의 3분의 1을 희생시켜야 한다는 말까지 나올 정도지요.

게다가 공장식 축산은 식량 문제에도 나쁜 영향을 미치고 있습니다. 엄청난 양의 곡물이 가축 사료로 쓰이는 바람에 정작 사람이 먹어야 할 곡물은 부족해지니까요.

이런 숱한 문제들 때문에 인도의 위대한 사상가인 간디는 이런 말을 남겼습니다.

"어떤 나라의 위대함과 도덕적 발전이 어느 정도인지는 그 나라에서 동물을 어떻게 다루느냐에 달려 있다."

그래서입니다. 가축 사육 방식을 바꾸고, 고기를 되도록 덜 먹는 것이 중요합니다. 이 얘기는 꼭 육식을 하지 말자

성장 촉진제
항생제
호르몬
그 나라에서 동물을 어떻게 다루는지 보면 그 나라의 도덕성이 보인다!
차라리 죽여라!
걷지도 못해!
내 말이…
감사한 마음으로 먹도록 해!
정말… 과장이 아니라 생명을 먹는 거로구나.

는 게 아닙니다. 하지만 고기를 먹더라도 육식에 얽힌 여러 가지 문제를 알고는 있는 게 좋습니다. 이것은 동물을 존중하고 배려하는 일일 뿐만 아니라 환경 문제, 기아 문제, 건강 문제 등을 해결하는 데에도 큰 도움이 되는 일입니다.

슬픈 동물원

여러분 가운데 동물원에 가 보지 않은 사람은 거의 없을 것입니다. 침팬지나 돌고래 등이 출연하는 동물 쇼도 한두 번쯤은 구경해 보았을 테고요. 그런 곳에서 우리에 갇혀 있거나 공연을 하는 동물들을 보면 어떤 생각, 어떤 느낌이 들던가요?

동물원은 현대 사회에서 동물이 어떤 자리에 놓여 있는지, 동물이 우리에게 어떤 의미인지를 보여 주는 또 하나의 '시험대'입니다. 오늘날 생명이 처한 현주소를 생생하게 알려 주고 일깨워 주는 또 다른 현장이 곧 동물원이라는 얘기지요.

애초에 동물원은 왕족이나 귀족들이 자기들의 부, 권력, 명성 따위를 과시하려고 이국적인 동물들을 수집해 가두고 전시하는 데서 비롯했습니다. 하지만 동물원 역사에서 가장 어처구니없는 것은 동물원에서 사람을 전시한 적이 있다는 사실입니다. 믿어지지 않는다고요?

19세기 후반에서 20세기 초반에 걸쳐 독일 함부르크에서 칼 하겐베크라는 사람이 동물 관련 사업을 벌이는 회사를 운영한 적이 있습니다. 이 회사는 당시 세계 곳곳의 진귀한 동물들을 사고파는 무역으로 이름을 날렸습니다. 이 사람의 이름을 딴 하겐베크 동물원은 이후 세계 여러 동물원들이 따라하는 모델이 되었지요.

여기서 한 일 가운데 하나가 '사람 전시'였습니다. 세계 곳곳의 토착 원주민들과 그들의 동물, 천막, 살림살이, 사냥도구 같은 것까지 몽땅 가지고 와서 유럽 사람들에게 색다른 구경거리를 제공했지요. 원주민이 벌거벗은 채로 생활하면서 사냥을 하거나, 춤추고 노래하고, 종교의식을 치르는 모습 등은 당시 유럽 사람들한테서 선풍적인 인기를 끌었습니다. 물론 이런 일을 벌인 가장 큰 목적은 돈벌이였습니다. 겉으로는 인류학이나 민족학 연구 같은 그럴 듯한 명분을 내세웠지만 말입니다. 사람마저 다른 동물과 마찬가지로 취급했던 동물원의 초기 모습은 동물원의 본질이 무엇인지 생각해 볼 수 있게 하지요.

사람조차 이런 식으로 다루었으니 동물한테는 오죽했을까요. 실제로 아프리카 등지에서 동물을 사로잡을 때 벌어지는 일들은 잔인하기 그지없습니다. 다 자란 어른 동물은 사로잡기도 힘들고, 옮기기도 어렵습니다. 큰 동물은 사로잡히는 과정에서 격렬하게 저항하기 마련입니다. 그러다 보니 동물들이 큰 상처를 입을 때도 많고 더러는 죽기도 합니다. 그래서 어른 동물들은 총으로 쏘아 죽이고 새끼들을 잡아 가지요. 새끼 코끼리 한 마리 잡겠다고 코끼리 무리 전체를 모조리 다 죽이는 일이 벌어지기도 합니다.

물론 지금은 사정이 많이 나아지긴 했습니다. 동물을 자연 상태 그대로 잘 보살피려는 노력을 기울이기도 하지요. 동물이 본래 살던 서식지의 자연 환경, 예컨대 아프리카의 초원이나 밀림을 그대로 옮겨 놓은 것처럼 꾸민 동물원도 있고요. 하지만 본질은 바뀌지 않았습니다. 동물들이 고향과 가족들에게서 강제로 떨어져 나와, 본래 살던 곳과는 전혀 다른 비좁은 공간에 갇혀서 지낸다는 사실은 변함이 없으니까요.

이런 곳에서 동물들은 무얼 하며 지낼까요? 먹을 것과 물, 잠자리가 제공되니 동물들은 별달리 할 일이 없습니다. 먹고 누워서 빈둥거리거나 가끔 이리저리 움직이고 돌아다

닐 뿐입니다. 하지만 야생에서 대부분 동물은 아주 다양한 활동을 하며 지냅니다. 먹이를 찾아다니고, 사냥을 하고, 짝을 찾고, 둥지와 굴을 짓고, 집을 보호하고, 서로 의사소통을 하고, 친구를 사귀고, 놀이를 하면서 하루하루를 보내지요. 그래서 본성에 따라 이런 자연스러운 활동을 하지 못하면 지겨움, 스트레스, 공포, 절망 같은 것을 느낄 수밖에 없습니다.

대부분의 동물에게는 넓은 공간이 필요합니다. 자연스럽게 걷고 뛰고 기어오르고 날고 헤엄치며 생활할 수 있어야 하니까요. 무리 생활도 무척 중요합니다. 야생에서 많은 동물은 무리지어 살면서 먹이를 찾고, 사냥을 하고, 잠잘 곳과 쉴 곳을 구하고, 다른 동물을 비롯한 외부의 공격과 위협으로부터 스스로를 지킵니다. 이런 무리 생활은 동물에게 안정감과 편안함을 줍니다. 동물들은 그렇게 서로 능력과 지식을 나눕니다. 무리 생활에 힘입어 동물의 삶은 더 안전해지고 즐거워지고 풍요로워집니다.

아무리 근사하게 보이는 동물원이라 하더라도 동물의 이런 삶을 보장해 줄 순 없습니다. 동물원이 안고 있는 근원적인 한계지요. 물론 최근 들어서는 동물 본성을 최대한 존중하고 충족시켜 주는 방향으로 동물원을 바꾸려는 움직임이 여러 곳에서 일어나고 있습니다. 동물의 권리와 동물 복지를 중시하는 목소리가 크게 높아진 덕분이지요. 이런 흐름에 따라 보다 생태적인 동물원으로 탈바꿈하고 자생동물 보존센터를 마련해 운영하는 것 등이 중요한 과제로 떠오르고 있습니다. 동물원을 없애자는 목소리가 높아지고 있는 나라도 있고요.

하지만 무엇보다 중요한 것은 우리 마음가짐이 아닐까 싶습니다. 동물원을 그저 놀고 즐기는 오락 장소로 여기는 마음, 동물원에 있는 동물을 흥미로운 구경거리나 눈요깃감으로만 대하는 태도, 가장 먼저 우리가 바꿔야 할 것은 이런 게 아닐까요? 동물원에서 즐기기 이전에 이들 동물이 어디서 어떻게 잡혀 왔고 동물원에서 어떻게 지내는지를 헤아려 봐야 하지 않을까요? 나아가 더 근본적으로는 동물원이 꼭 있어야만 하는지에 대해서도 곰곰이 생각해 볼 필요가 있습니다.

동물원이나 관광지에서 하는 동물 공연도 짚어 봐야 할 문제입니다. 여기서도 아주 심각한 동물 학대가 벌어지고 있으니까요. 사람들은 동물이 공연하는 모습만 보는 탓에 공연이 없을 때 무대 뒤에서 동물이 어떻게 사는지에 대해서는 잘 모릅니다. 또 공연에서 동물이 부리는 재주와 약속된 동작을 익히기까지 어떤 훈련을 받는지에 대해서도 상세히 알지 못합니다.

공연이 없을 때 이들 동물은 아주 비좁은 곳에 갇힌 채 사슬이나 밧줄에 묶인 채로 지냅니다. 외국에서 벌어진 일이긴 하지만, 어느 서커스단 불곰은 어른이 되어 힘이 세지고 다루기 힘들어지자 무려 열 달 동안이나 트럭 뒤 좁은 공간에 갇혀서 방치되었다고 합니다. 그 긴 기간 동안 트럭 밖으로 단 한 번도 나오지 못했다지요.

하지만 무엇보다 가장 큰 비극은 훈련 과정에서 일어납니다. 예를 들어 코끼리는 이런 식이라고 합니다. 조련사들은 날카로운 쇠갈고리와 전기 충격기를 이용해 코끼리를 찌르고 때리면서 훈련을 시킵니다. 쇠갈고리는 코끼리의 귀 뒷부분, 얼굴, 다리 뒤 등 민감한 부위에 사용합니다. 극심한 고통을 줌으로써 말을 잘 듣게 만드는 거지요. 그러다 피부에 구멍이 뚫리거나 몸이 찢어지는 일도 자주 일어납니다. 동물을 훈련시키는 이야기를 듣다 보면 두들겨 맞고 전기 충격을 당하는 코끼리, 코가 부서지고 발이 불에 탄 곰 등과 같은 잔혹한 동물 학대 사례가 빠짐없이 등장합니다. 우리가 공연에서 보는 것은 이런 식으로 훈련받은 동물들입니다.

구경은 잘 하셨나요?
쇼는 즐거우셨나요?
우린 괴롭고 슬프고 아픕니다.
그만 좀 부려먹어!
바다가 뭔가요?
내 이빨~
스트레스성 탈모

여러분, 이런 동물 공연이나 쇼를 굳이 볼 필요가 있을까요? 또 큰 공원이나 관광지 같은 델 가면 동물 등에 올라타서 돌아다니기, 동물과 함께 사진 촬영하기, 동물을 상품으로 주는 행사 등을 놀이 삼아 진행하는 곳이 더러 있습니다. 이런 것들도 꼭 해야 할까요? 사람에게 그저 순간적인 즐거움을 주는 대가로 수많은 생명이 고통받고 희생을 당하는 게 옳은 일인지, 이 기회에 한번 진지하게 생각해 봐야겠습니다.

동물 실험: 해야 할까, 말아야 할까?

동물 이야기에서 또 하나 중요한 주제는 동물 실험입니다. 동물 실험은 사람을 대신해 살아있는 동물에게 약물을 투여하거나 외상을 입혀 그 반응을 조사하는 것입니다. 동물 실험이 사람에게 여러 가지 도움을 주는 건 사실이지만, 동물 학대 논란 역시 끊이지 않고 있습니다. 동물 실험은 왜 문제가 될까요?

동물 실험은 의학을 비롯해 다양한 분야에서 과학기술 발전에 큰 구실을 해 왔습니다. 의약품과 치료법은 물론 화장품, 농약, 식품 등을 새로 개발할 때 이것들이 얼마나 효능이 있는지, 사람 몸에 어떤 영향을 미치는지를 미리 확인하는 데 동물 실험을 널리 활용해 왔거든요. 동물 실험이 빠르게 퍼지면서 요즘은 아예 다양한 종류의 실험동물을 '생산'하기도 합니다. 쥐, 기니피그, 햄스터, 토끼 등이 대표적이지요.

자료에 따르면 전 세계적으로 1년 동안 동물 실험으로 희생되는 동물은 무려 1억 마리에 이릅니다. 우리나라는 166만 마리 정도로 알려져 있고요. 하지만 이것은 실험으로 죽은 동물의 수입니다. 실험에 사용되는 동물의 수는 이보다 몇 배나 더 많지요.

동물 실험을 반대하는 쪽의 주장은 간단명료합니다. 동물 실험은 동물 학대이고 쓸모도 작다는 것이죠.

먼저 동물 학대가 어떻게 이뤄지고 있는지 살펴볼까요? 예를 들면, 쥐의 경우 실험이 끝난 뒤 쓸모가 없어지면 허리를 부러뜨려 죽인다고 합니다. 이것이 가장 값싸고 손쉬운 처리 방법이기 때문입니다. 하지만 동물에게는 가장 큰 고통을 강요하는 짓이지요.

화장품이나 샴푸 실험에 사용되는 토끼는 플라스틱 상자에 고정시킨 뒤 목만 내놓게 한 채 실험 재료를 토끼 눈에 계속해서 넣는다고 합니다. 기니피그 같은 동물은 털을 깨끗이 깎은 뒤 피부에 실험 물질을 바르고 피부가 어떻게 변하는지, 얼마나 상하는지 등을 알아보기도 하고요. 마취도 제대로 하지 않고 이런 실험을 하는 탓에 실험에 이용되는 동물들은 엄청난 고통에 시달릴 수밖에 없습니다.

동물 실험의 쓸모가 그다지 크지 않다는 것도 중요한 대목입니다. 동물 실험을 반대하는 쪽의 얘기에 따르면, 사람이 걸리는 3만여 가지 질병 가운데 동물도 걸리는 질병은 고작 1.16퍼센트에 지나지 않습니다. 동물 실험이 성공하더라도 그 결과가 사람에게도 성공적으로 적용될 확률은 아주 낮다는 거지요.

이런 문제를 대표적으로 보여 준 것이 1957년 독일에서 처음 등장한 '탈리도마이드'라는 약입니다. 아기를 가진 임신부의 입덧을 막기 위해 만들어진 이 약은 몇 차례 동물 실험에서 부작용이 거의 나타나지 않아 '기적의 약'으로 불리기도 했습니다. 하지만 사람이 이 약을 먹자 독일과 영국을 비롯한 전 세계 50여 개 나라에서 1만 명이 넘는 기형아가 태어나고 말았습니다. 팔다리가 없거나 물갈퀴 같은 형태의 손발을 지닌 아이들이 태어난 것이지요.

'탈리도마이드의 비극'이라 불리며 역사상 가장 충격적인 의약품 사고로 꼽히는 이 사건으로 동물 실험의 결과를 얼마나 믿을 수 없는지 알게 되었습니다. 아무리 동물 실험으로 안전성과 효능이 확인된 약이라고 해도 그것이 사람에게도 똑같이 적용되리라는 보장이 전혀 없다는 얘기지요.

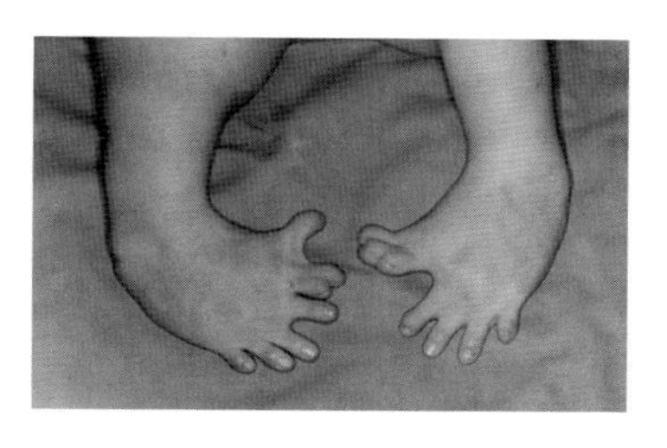

탈리도마이드 부작용으로 태어난 아이의 발 ⓒ 위키피디아

이처럼 동물 실험의 쓸모가 아주 작고 심지어는 위험하기까지 한데도 굳이 수많은 동물을 죽이고 학대하는 동물 실험을 해야 하느냐는 것이 동물 실험 반대자들의 의견입니다.

이에 대해 동물 실험 찬성자들은 동물 실험이 인류에게 이익이 되고 과학 발전에 크게 이바지했다고 주장합니다. 이들은 무엇보다 동물 실험은 인간의 소중한 생명과 건강을 지키는 데 꼭 필요하다고 얘기합니다.

예를 들어, 우리나라에서 토끼에 대한 동물 실험으로 각막의 일부를 새로 만드는 연구에 성공한 적이 있습니다. 각막에 문제가 있어서 앞을 볼 수 없는 사람이 우리나라에만 2만여 명이나 됩니다. 이 병을 치료하는 유일한 방법은 각

우리 화장품은 동물 실험을 하지 않습니다.
착한 화장품!
그러게 굳이 화장품까지 동물을 죽여가면서 만들 필요가 있나?
그럼 어떤 테스트도 없이 만들었다는 거야? 괜찮은 거야?
동물실험이 통과됐다고 인간에게 무해할 거라는 보장도 없잖아!
그러게! 이 화장품으로 사자!

막 이식입니다. 문제는 각막을 구하기가 하늘의 별따기처럼 힘들다는 거지요. 동물 실험으로 새로운 각막을 만들 수 있게 된다면 앞을 보지 못하는 수많은 사람이 새로운 희망을 되찾게 될 것입니다. 이런 사례에서 볼 수 있듯이, 동물들이 고통받는 건 안타까운 일이지만 인간의 이익에 도움이 된다면 동물이 희생되는 것은 어쩔 수 없다는 게 이들의 견해입니다.

자, 팽팽하게 맞서는 두 의견을 들어보니 여러분은 어떤 생각이 드나요?

요즘은 동물권이나 동물 복지에 대한 관심이 부쩍 높아지면서 많은 나라에서 동물 실험을 줄이려고 노력하고 있습니다. 특히 화장품과 관련된 동물 실험에서 이런 움직임이 활발하지요. 질병 치료나 예방 등을 위한 동물 실험에 견주면 외모를 아름답게 가꾸려는 화장품 동물 실험은 아주 절박하거나 긴급한 일은 아니기 때문입니다. 게다가 최근 동물 실험을 대체할 수 있는 새로운 방법들이 속속 개발되고 있어 동물 실험을 줄이는 데 힘을 보태고 있습니다.

동물 실험이 인간에게 다양한 혜택과 이익을 안겨 준 건 사실입니다. 하지만 동물 실험이 너무 함부로, 그리고 손쉽게 이루어지면서 수많은 동물을 고통과 죽음으로 몰아넣고,

생명을 가볍게 여기는 분위기를 만든 것 또한 사실입니다.

아마도 동물 실험을 완전히 없애기는 힘들겠지요. 반드시 필요한 동물 실험은 어쩔 수 없다 해도, 동물 실험에 못지않은 성과를 낼 수 있고 윤리적으로도 정당한 다른 방법을 찾는 일에 지혜와 뜻을 모아 보면 어떨까요? 이런 노력이 쌓이면 사람과 동물이 더불어 행복해지는 길을 찾을 수 있지 않을까요?

문명을 재는 또 하나의 잣대

우리는 동물을 잔인하게 대하는 것이 나쁘다는 걸 모르지 않습니다. 그럼에도 일상적으로 동물 학대가 벌어지는 환경에 익숙해지니 동물을 하나의 생명으로 대하는 것을 상상하기가 어려운 지경에 이르렀습니다.

앞에서도 강조했듯이, 사람과 동물은 모두 하나의 지구에서 더불어 살아가는 동료 생명체입니다. 한데 지금은 사람과 동물 사이에 힘의 격차가 너무 큽니다. 사람이 절대 우위에 있지요. 수많은 동물의 운명이 사람 손에 달려 있습니다. 동물의 출생, 사는 장소, 먹이, 번식, 죽음에 이르기까지 모든 것을 인간이 통제할 수 있지요.

하지만 역사를 되돌아보면 사람은 언제나 자기가 지닌 힘과 권력을 어떻게 사용할지를 놓고 도덕적인 고민을 해 왔습니다. 인간은 동물을 잔인하게 대할 수도 있지만 따뜻하게 대할 수도 있습니다. 인간의 욕심과 이기심을 앞세울 수도 있지만, 동물의 처지를 헤아리고 그들을 소중한 생명체로 대우할 수도 있습니다. 인간에겐 이런 능력이 있습니다.

동물은 인간이 가진 것과 같은 삶의 빛, 삶의 이유를 가지고 있습니다. 동물 또한 사람과 마찬가지로 제대로 살기를 원합니다. 동물도 사람과 마찬가지로 즐거움, 노여움, 애착, 두려움, 고통, 외로움, 슬픔, 기쁨을 느낍니다.

만약 고릴라에게 자기가 사는 곳의 토착식물 가운데 먹어도 되는 것과 먹으면 안 되는 것을 구별하게 한다면 어떻게 될까요? 혹은 고릴라에게 자기가 사는 밀림의 날씨 변화를 예측하게 한다면 어떻게 될까요? 틀림없이 인간보다 훨씬 뛰어난 능력을 발휘할 것입니다.

이처럼 고릴라는 고릴라로서 똑똑합니다. 모든 동물이 다 그러합니다. 공감 능력을 지닌 동물도 얼마든지 있습니다. 자기 짝이나 가족이나 친구를 잃은 동물 가운데 어떤 것들은 무리에서 빠져나와 혼자 틀어박혀 있기도 하고, 며

칠 동안이나 사체 옆에 머물기도 합니다. 슬픔이 극심한 일부 동물은 먹지도 않고 짝짓기도 하지 않지요. 모든 동물은 저마다 고유한 생각과 욕망과 감정을 지니고 있습니다.

물론 동물은 인간과 다른 존재입니다. 하지만 그것이 동물이 생명체로서 마땅히 누려야 할 자유와 삶의 기쁨을 부정할 이유나 근거는 되지 못합니다.

사실, 아주 오랫동안 인류는 자신의 생존을 다른 생명체에 의지해야 한다는 사실을 알고 있었습니다. 우리 조상들은 생존을 위해 동물을 먹긴 했지만 사냥을 나가 동물을 죽일 때 늘 미안해하고 고마워하는 마음을 가졌습니다. 지금도 세계 곳곳에 남아 있는 소수의 토착 원주민들 또한 그러합니다. 이들은 동물에게 미안하고도 고마운 마음을 전하고 동물의 영혼을 위로하려고 종교 의례 같은 것을 베풀기도 합니다. 이처럼 사람과 동물은 오랫동안 끈끈한 유대관계를 맺어 왔습니다.

이런 관계가 깨진 것은 앞서 말한 바 있는 기계론적 세계관이 세상을 집어삼키기 시작하면서부터입니다. 경제성장, 개발, 생산, 효율, 경쟁, 속도, 물질에 대한 탐욕, 이기심 같은 것들이 사람들을 지배하기 시작한 때와 맞물려 있지요. 특히 돈을 신처럼 섬기는 물질만능주의가 만연하면

귀한 생명 감사히
받도록 하겠습니다.
미안합니다.
용서하소서.
고통없이
보내야 하느니라.

서 사람이나 동물이 지닌 생명의 가치는 더욱 바닥으로 떨어지고 말았습니다.

프랑스 철학자 르네 데카르트* 같은 사람은, 동물은 단순한 기계여서 영혼과 감정이 없다고 단언하기도 했습니다. 심지어 감각이 없어 고통도 느끼지 못한다고 했지요. 이런 입장에 서면 동물에 대해 아무런 연민도, 공감도, 도덕적 책임감도 느끼지 못하겠지요.

* **르네 데카르트(René Descartes, 1596~1650)** 프랑스의 철학자이자 수학자, 물리학자이다. 근대철학의 아버지로 불리며 '나는 생각한다. 고로 존재한다'는 말을 남겼다.

그러나 어떤 생명체를 우리보다 부족하고 저급한 존재라고 단정하는 것, 그리고 그런 편견에 따라 어떤 존재를 학대하고 멸시해도 된다고 여기는 것은 대단히 위험하고 잘못된 생각입니다. 인류 역사에서 노예제도 같은 신분제도가 오랫동안 유지되고 여성, 흑인, 장애인, 사회적 약자와 소수자 등을 차별한 것도 이런 논리로 정당화되곤 했지요.

둘러보면 아직도 동물을 기계처럼 무감각한 존재라고 여기는 사람이 많아 보입니다. 하지만 어쩌면 기계 같고, 무감각하다는 평가는 동물이 아니라 끝없이 동물 학대를 일삼는 인간에게 더 어울릴지도 모르겠습니다. 잔인하게 생명을 학대하는 행위는 오로지 인간만이 저지르는 짓입니다. 하지만 다행히도 사람은 자신이 저지른 잘못을 깨닫고 고칠 수 있는 존재이기도 합니다.

동물에게 예의를 지키는 것은 생명과 삶에 대해 예의를 지키는 일이기도 합니다. '살아 있음' 자체를 소중히 여기는 마음, '살아 있는 것'에서 신비로움과 경이로움을 느낄 줄 아는 마음, 모든 생명을 사랑하고 존중하는 마음, 이런 마음이 넘실거리는 곳은 비단 동물만이 아니라 사람의 가치 또한 고귀해지는 곳일 것입니다. 생명은 서로 이어져 있기 때문이지요.

동물을 보살피고 잔인함에 맞서는 것은 아무런 이해관계도 없는 순수한 일입니다. 어떤 대가를 바라고 하는 일도 아닙니다. 그러므로 그것은 인간의 정신과 마음을 드높여 줄 것입니다. 맑고 깨끗하게 해 줄 것입니다. 오늘날 동물을 어떻게 대하느냐가 문명의 수준을 재는 또 하나의 중요한 잣대라고 일컬어지는 까닭입니다.

거위, 상어, 물고기에 얽힌 '불편한 진실'

'푸아그라'라는 요리가 있습니다. 거위의 간으로 만드는 고급 요리 이름이지요. 한데 푸아그라를 만드는 데 사용되는 거위의 간은 일반 거위의 간보다 무려 열 배나 큽니다. 이렇게 큰 간을 만들기 위해 푸아그라용 거위는 몇 달 동안이나 하루에 두세 번씩 엄청난 양의 사료를 받아먹어야 합니다. 거위 목구멍에 기다란 관을 꽂아 위 속으로 사료를 곧장 쏟아 부어 버리지요. 그러니 당연히 거위의 몸과 건강이 망가질 수밖에 없겠지요.

이렇게 하는 이유는 오직 하나, 바로 돈벌이 때문입니다. 이렇게 해야 거위 간이라는 음식 재료를 싼값에 최대한 많이 손에 넣을 수 있으니까요. 그저 사람 입을 조금 더 즐겁게 해 주려는 목적으로 이런 끔찍한 일이 벌어지는 것입니다. 그래서 보다 못한 유럽의 여러 나라에서는 거위에게 강제로 사료를 투입하는 것을 금지하고 있습니다.

'샥스핀'이라는 요리도 있습니다. 상어 지느러미로 만드는 값비싼 중국 요리지요. 그런데 상어를 잡은 어부들은 샥스핀 요리에 필요한 등지느러미와 가슴지느러미만 칼로 싹둑 잘라낸 뒤 상어 몸통은 그대로 바다에 버립니다. 지느러미가 없어진 상어는 당연히 헤엄을 칠 수 없겠죠. 그래서 몸통만 남은 상어는 서서히 바다 밑으로 가라앉게 됩니다. 헤엄을 칠 수

없으니 당연히 먹이를 구할 수 없고 결국은 굶어 죽게 되지요. 이렇게 샥스핀을 만드느라 고통스럽게 죽어가는 상어가 해마다 1억 마리에 가깝다고 합니다. 지느러미는 상어 전체 몸무게의 5퍼센트에 지나지 않습니다. 그 5퍼센트를 위해 나머지 95퍼센트가, 하나의 생명이 쓰레기처럼 버려지는 것이죠.

한편, 오늘날의 양식 어업 또한 앞에서 얘기한 공장식 산업 축산과 다를 바가 거의 없습니다. 오늘날 전 세계 사람이 먹는 해산물 가운데 3분의 1이 양식으로 생산됩니다. 그런데 대부분의 양식업은 공장식 축산과 같

이 '대규모 밀집 사육' 방식을 취하고 있습니다. 그래서 물고기 양식을 하려면 엄청난 양의 사료용 생선을 따로 구해야 합니다. 그래서 흔히 잡어라 불리는 수많은 물고기를 무차별로 잡아대지요. 그 탓에 바다 생태계의 질서가 헝클어지고 수많은 사람의 먹을거리가 줄어들고 있습니다.

양식장은 바다를 오염시키는 주범 가운데 하나이기도 합니다. 양식장의 물고기가 내놓는 막대한 양의 배설물과 사료 찌꺼기, 양식장에 투입하는 항생제와 살충제 따위가 아무런 정화 처리 없이 바다로 흘러 나가는 탓입니다. 양식장의 물고기가 종종 달아나는 것도 문제입니다. 양식장 그물은 폭풍이 닥치거나 거센 파도가 밀려오거나 대형 어류 같은 것들이 공격하면 쉽게 찢어집니다. 노르웨이 하천에 사는 연어의 90퍼센트가 양식장에서 도망친 것이라는 연구 결과가 나올 정도지요. 이렇게 도망친 연어들은 야생의 연어와 교미하여 자연 상태의 연어에 유전자 변화를 일으키게 됩니다. 자연 생태계를 교란시킨다는 얘기지요. 양식업의 성장은 많은 사람에게 생선을 비롯한 해산물을 대량으로 공급해 주었습니다. 하지만 갈수록 현대 산업 축산의 문제점을 그대로 드러내고 있습니다.

3장

생명 복제는 해도 될까요?

복제 양 돌리의 탄생

1997년 봄, 전 세계는 깜짝 놀랐습니다. 너무나도 희한한 동물이 태어났기 때문입니다. 이 동물은 이제까지와는 전혀 다른, 일반적인 상식으로는 도무지 이해하기 어려운 놀라운 방식으로 태어났습니다. 복제 양 '돌리'가 바로 이 놀라운 사건의 주인공입니다.

돌리는 여태껏 세상에 존재한 모든 동물 가운데 가장 큰 주목을 받은 동물입니다. 대부분 동물은 수컷의 정자와 암컷의 난자가 만나는 수정이라는 과정을 통해 새로운 생명이 만들어집니다. 하지만 돌리는 암컷과 수컷의 수정을 통해 태어난 게 아니었습니다. 돌리는 수정이 이루어지지 않은 상태에서 태어난 역사상 첫 포유동물인 것입니다. 어떻게 이런 일이 일어날 수 있었을까요?

과학자들은 우선 암컷 양의 가슴 부위에서 체세포(생식세포를 뺀 모든 세포)를 떼어 내 다른 암컷 양의 유전 물질을 제거한 난자 속에 집어넣었습니다. 그런 다음 이 세포와 난자가 합쳐질 수 있도록 전기 자극을 가했습니다. 그러자 놀랍게도 난자와 세포가 결합하여 '배아*'로 자라나기 시작했습니다.

이 배아는 암컷과 수컷의 유전자를 동시에 물려받은 일반 배아와는 달리 오로지 체세포를 제공한 암컷 양의 유전자만을 물려받아 만들어졌습니다. 이처럼 본래의 것과 유전자가 똑같은 개체를 새롭게 만드는 것을 '복제(클로닝, cloning)'라 합니다. 한마디로 돌리는 체세포의 주인인 암컷 양을 그대로 본뜬 복제 동물인 거지요.

> * **배아** 난자와 정자가 수정된 뒤 완전한 개체로 자라기 전까지의 발생 초기 생명체를 일컫는 말이다. 사람의 경우는 보통 임신 뒤 8주째 정도까지의 태아를 배아라 부른다.

돌리는 겉모습만 보면 다른 일반 양과 똑같습니다. 하지만 일반 양과는 달리 아빠가 없습니다. 대신에 엄마만 셋입니다. 자, 하나씩 따져 볼까요? 하나는 가슴 부위 체세포로 유전자를 제공한 엄마입니다. 또 하나는 난자를 제공한 엄마입니다. 또 다른 하나는 낳아 준 엄마입니다. 아빠는 없이 엄마만 셋이라니, 놀랍기도 하고 황당하기도 하죠?

돌리는 수컷의 정자와 암컷의 난자가 결합해 만들어진 것이 아니라 암컷의 가슴 부위 체세포에서 비롯되었습니다. 일반 동물은 암수의 결합으로 태어나기 때문에 부모의 유전 형질*을 모두 동시에 물려받습니다. 하지만 돌리처럼 암컷의 체세포에서 탄생한 동물은 체세포를 제공한 엄마와 '똑같은' 유전형질을 물려받게 됩니다. '엄마' 양의 생물학적 성질과 특징만을 고스란히 지닌 복제 동물이 생겨난 거지요. 온 세상이 깜짝 놀랐던 것은 다 자란 어른 동물의 체세포를 이용해 새로운 개체를 탄생시키는 경우는 기나긴 생명 역사에서 돌리가 처음이었기 때문입니다.

* **유전 형질** 동식물의 모양, 크기, 성질 따위의 고유한 특징을 말한다.

이렇게 양의 복제는 성공했습니다. 아빠나 엄마 둘 가운데 한쪽이 없어도 새로운 생명체가 태어날 수 있게 된 겁니다. 복제 기술이 부리는 신기한 마술이 아닐 수 없지요. 자, 그렇다면 인간은 어떻게 될까요?

복제 양 돌리의 탄생은 인간 복제 가능성을 낳으면서 엄청난 논란을 불러일으켰습니다. 복제 인간이 나타날 수도 있다는 전망이 급속도로 퍼진 거지요. 복제 인간, 곧 나와 똑같은 사람이 세상에 또 존재한다는 건 정말 보통 일이 아니겠지요. 그만큼 복제 인간 문제가 거센 논란에 휩싸인 건 당연한 일입니다.

바로 이런 신기하고도 희한한 일을 가능하게 해 주는 것이 생명공학입니다. 생명공학이란 사람이나 동식물의 형질, 기능, 형태 등을 결정하는 유전자를 여러 가지 산업에 이용하는 기술입니다. 본래 자연으로부터 주어진 생명의 속성을 인위적으로 바꾸거나 새롭게 만들어 내기도 하기 때문에 생명공학을 둘러싼 논쟁은 아주 뜨겁습니다. 생명공학의 발전으로 사람이 얻는 이득과 혜택이 크기도 하지만, 생명의 본래 뿌리와 바탕을 뒤흔드는 기술이기 때문에 불거지는 갖가지 문제들 또한 만만치 않은 탓이지요. 그 가운데서도 가장 뜨거운 논쟁거리가 이제부터 살펴볼 생명 복제, 특히 인간 복제 문제입니다.

복제와 생명공학에 대한 이야기를 하려면 유전자란 용어의 정확한 뜻부터 알아야 합니다. 유전자란 사람을 비롯한 모든 생물체의 모양, 크기, 성질 따위의 고유한 특징을 규정하는 기본 단위를 말합니다. 한 생물체의 모든 정보가 담긴 설계도라고나 할까요? 한 세대에서 다음 세대로 그 개체의 모든 생물학적 정보를 전달해 주는 구실을 하는 게 유전자입니다.

유전자가 무엇인지 알았으니, 이제 복제에 대해 알아볼 준비가 되었습니다.

동물 복제, 과연 좋은 걸까?

복제 양 돌리를 소개했으니 동물 복제 이야기부터 해 보겠습니다. 돌리 사례에서 알 수 있듯이 오늘날 우리 인간은 생명공학의 발전에 힘입어 동물을 복제할 수 있게 되었습니다. 그런데 여러분, 동물 복제를 굳이 하는 이유는 뭘까요? 동물 복제를 하면 어떤 이득과 혜택이 있을까요?

우선, 동물 복제를 하면 사람에게 필요한 동물을 손쉽

게 얻을 수 있습니다. 예를 들면 신체의 어떤 부분에 병이 들어 이식을 받아야 할 경우, 이식을 받을 장기를 구하기도 어렵겠지만 어렵게 구한 장기가 거부 반응을 일으킬 수도 있습니다. 거부 반응이란 자기 몸에 들어온 이물질을 침입자로 여겨서 받아들이지 않고 공격하는 현상을 말합니다. 그런데 복제를 통해 환자의 몸에 거부 반응을 일으키지 않는 동물을 만들면 그 동물의 장기를 사람에게 이식할 수 있겠지요. 특히 돼지 장기는 사람의 것과 비슷해서 쓸모가 많습니다. 이런 동물을 대량으로 복제하면 필요한 장기를 훨씬 쉽게 얻을 수 있습니다. 이식이 가능한 신장(콩팥), 간, 심장, 폐 같은 장기를 구하기 힘들어 수많은 사람이 고통을 겪거나 죽어 갑니다. 이러한 현실에서 거부 반응을 일으키지 않는 장기를 쉽게 얻을 수 있다는 것은 동물 복제로 인간이 얻을 수 있는 큰 혜택이라고 할 수 있겠지요.

그뿐만이 아닙니다. 고기가 맛있는 소나 우유가 많이 나오는 소를 만들어 대량으로 복제하면 맛 좋은 고기와 우유를 더욱 값싸게 먹을 수 있지 않을까요? 또 유전자 조작으로 값비싼 의약품 성분을 젖으로 분비하는 염소를 만들거나 광우병에도 끄떡없는 소를 만든 뒤 이런 동물을 대량으로 복제해도 큰 쓸모가 있을 거고요.

자, 여기까지만 보면 동물 복제가 참 좋은 것 같습니다. 그런데 이게 전부일까요? 빛이 있으면 그늘이 있기 마련이듯, 동물 복제에도 이런저런 문제점이 있기는 마찬가지입니다.

가장 큰 문제는 동물 복제가 그렇게 쉬운 일이 아니라는 점입니다.

1999년 우리나라에서도 '영롱이'라는 이름의 복제 소가 만들어진 적이 있습니다. 이에 힘입어 품질이 우수한 한우를 대량으로 복제해서 전국 농가에 보급하겠다는 야심찬 계획도 추진했고요. 하지만 기술적 한계 탓에 결국 제대로 시작도 해 보지 못한 채 실패하고 말았습니다.

동물 복제가 연구 단계에서 아주 드물게 성공하기도 하지만, 실제로 인간에게 큰 도움이 될 정도로 널리 퍼지기는 대단히 어렵다는 사실을 보여 준 사례지요.

동물 복제 성공률은 아주 낮습니다. 복제할 수 있는 동물로는 양, 젖소, 염소, 생쥐, 돼지, 고양이, 토끼 등이 있는데, 이 모든 종류를 통틀어 성공률은 평균 2~3퍼센트를 넘지 못합니다. 그래서 복제 동물을 실용화해서 널리 보급하는 건 적어도 현재로서는 매우 어려운 일입니다.

또 다른 문제는 복제된 동물이 정상적으로 살기가 무척 어렵다는 점입니다. 대표적인 예가 복제 양 돌리입니다. 돌

생명이라는 게
그렇게 손쉽게 복제하고
개량할 수 있는 게 아니라고…
아…아직
완벽할 수는
없지만
동물 복제는
대세라고!
컬럭~
부들
멈출까
보냐!

리는 폐 쪽에 큰 병이 생겨서 여섯 살에 죽었습니다. 일반 양의 평균 수명이 12살 정도인 것으로 보아 아주 일찍 죽은 거지요. 다른 보기로, 일본에서 복제에 성공한 생쥐 12마리 중 10마리가 평균 수명의 절반밖에 살지 못했습니다. 복제한 쥐들은 간과 폐가 일찍부터 망가졌고 종양까지 생겼다고 합니다. 이처럼 복제 동물은 수명도 아주 짧고, 질병과 기형, 장애도 아주 많이 생깁니다. 아직은 복제된 동물의 건강이나 안전성이 검증되지 않아 매우 위험하다는 얘기지요.

물론 이런 지적에 대해 동물 복제 찬성론자들은 반론을 내놓습니다. 동물 복제를 비롯한 생명공학의 발달은 거스를 수 없는 대세다, 복제 기술이 아직은 완벽하지 않지만 계속 발전하고 있으므로 지금 언급한 문제들은 머잖아 해결될 것이라면서요. 무엇보다 사람이 동물보다 중요하기 때문에 장기 이식처럼 동물 복제로 많은 사람이 도움과 혜택을 받을 수 있다면 그것 자체로 좋고 바람직한 일이라고 강력하게 주장하기도 합니다. 여러분의 생각은 어떤가요?

위험하고 무책임한 인간 복제

동물 복제 이야기를 했으니 이제 자연스럽게 인간 복제 이야기로 넘어가야겠네요. 현재 인간 복제는 모든 나라에서 법으로 금지하고 있습니다. 그만큼 인간 복제가 안고 있는 문제와 위험성이 큰 탓이지요.

우선, 인간 복제가 어떻게 이루어지는지부터 알아볼까요? 간단히 말하면 복제 양 돌리를 만드는 방식으로 사람을 만드는 것이라고 할 수 있습니다. 그러니까, A라는 사람이 자신의 체세포를 B라는 여성의 난자에 넣어 전기 충격을 가해 체세포와 난자를 결합시킨 뒤 대리모* 격인 C라는 여성의 자궁에서 키우면 이론적으로 아기가 태어날 수 있는 거지요. 여기서 A는 남자일 수도 있고 여자일 수도 있습니다. A가 남자라면 복제된 아이도 남자일 것이고, 여자라면 복제된 아이도 여자겠지요. 만약 A가 여자라면 A와 B와 C는 동일한 사람일 수도 있습니다. 물론 모두 다른 사람일 수도 있고요.

* **대리모** 난자를 제공하는 엄마가 아닌 제3의 여성에게 인공적으로 수정시키거나 수정란을 이식하여 임신하게 하는 방법을 말한다.

태어난 아기가 지니게 되는 유전 정보는 A라는 사람의 체세포에서 나온 것이기 때문에 아이는 A와 유전적으로 똑같

고조 할아버지
(클론1기)
증조할아버지
(클론2기)
할아버지
(클론3기)
아버지
(클론4기)
과연 나는 누구인가…
다 똑같이 생겼어 기분 나빠!
클론 5기
생명이라는게 환경에 맞춰 유전자가 진화되는 것이 자연스러운 건데 말야!

은 사람이 됩니다. A의 복제 인간이 탄생하는 거지요.

물론 복잡한 유전체계를 가진 원숭이 같은 영장류나 인간은 복제 자체가 불가능할 것이라고 내다보는 전문가도 많습니다. 하지만 다른 포유류가 여러 차례 복제에 성공하는 걸 볼 때, 과학 기술이 발달한다면 인간 복제도 언젠가는 이뤄질 거라고 여기는 사람이 적지 않습니다. 그러니 지금부터 인간 복제의 문제점을 따져 보는 것이 중요합니다. 이를 통해 생명공학에 대해서도 보다 깊이 이해하게 될 테고요.

결론부터 말하면, 인간 복제는 인간의 정체성과 존엄성을 망가뜨리는 아주 위험한 행동이라고 할 수 있습니다. 모든 사람은 제각각 과거에도 없었고 미래에도 없을 완전히 고유하고 독창적인 단 하나의 존재입니다. 그래서 모든 사람은 생김새든 성격이든 능력이든, 자기가 어떤 사람인지 모르는 채 완전히 새롭고도 유일한 존재로 태어납니다. 그런데 복제 인간은 유전자가 사전에 결정돼 있는 탓에 어떤 사람인지 미리 다 알 수 있습니다. 이런 복제 인간이 과연 온전한 인간의 지위와 자격을 가진다고 할 수 있을까요?

복제 인간 입장에서 생각해 보아도 문제는 아주 심각합니다. 복제 인간으로 태어난 아기가 성장하는 과정에서 자기에게 유전자를 제공해 준 원본 '아빠'나 '엄마'를 보게 되면 어떨까요? 만약 그 아이가 자기가 복제 인간임을 안다면 그는 아마도 원본 '아빠'나 '엄마'를 보면서 자신의 미래를 예측할 수 있겠죠. '나도 커서 저 나이가 되면 저런 모습의 저런 사람이겠구나' 하는 것을 늘 의식하게 된다는 거지요. 그러면 그 아이는 '나는 도대체 누구인가?' 하는 극심한 혼란과 큰 고통에 시달리게 될 수도 있습니다.

이처럼 인간 복제는 인간의 개념 자체를 뿌리째 뒤흔드는 행위라고 할 수 있습니다. 무엇보다 어떤 목적으로든 인간을 복제하면 이미 그 인간은 특정 목적을 이루기 위한 수단이나 도구가 되는 거잖아요? 결국 인간 복제는 복제된 사람을 다른 사람의 특정한 소망이나 필요를 채워 주는 일종의 '상품' 같은 것으로 만드는 셈입니다. 게다가 복제 인간도 다른 복제 동물처럼 수명도 아주 짧고 건강도 엉망이라면 이 또한 큰 문제겠지요.

물론 인간 복제가 필요할 때도 있다는 주장이 나올 수도 있습니다. 이를테면 어떤 사람의 자식이 교통사고로 죽었다고 가정해 볼까요? 인간 복제가 가능하다면 죽은 자식의 살아 있는 세포만 있으면 죽은 아이와 똑같은 아이를 복제할 수 있습니다. 하지만 이런 경우도 곰곰이 생각해 보면 문제가 간단치 않습니다. 죽은 아이와 복제된 아이는 과연 똑같은 사람일까요? 겉으로는 당연히 같은 사람처럼 보이겠지요. 유전자가 같으니까요. 하지만 이 둘은 같은 사람이 아닙니다. 성격, 행동, 취향, 소질 같은 건 얼마든지 달라질 수 있으니까요.

어떤 사람이 되는가 하는 건 단순히 유전자에 의해서만 결정되는 게 아닙니다. 유전자가 같다고 해도 성장 환경, 사회적 조건, 교육, 자라면서 겪는 경험 등에 따라 얼마든지 다른 사람으로 성장하기 마련이지요. 만약 복제해서 낳은 아이가 죽은 아이와 겉모습은 똑같은데 행동이나 성격이 전혀 다르다면 그 부모는 어떤 느낌이 들까요? 엄청 혼란스럽지 않을까요? 이 아이가 과연 죽은 자식을 대신할 수 있을까요?

인간 복제 가능성은 생명공학의 눈부신 발전에서 비롯되었습니다. 하지만 인간 복제가 안고 있는 위험하고도 치명적인 문제들은 인간의 '인간다움', 생명의 '생명다움', 자연의 '자연다움'이 무엇인지에 관해 근본적인 질문을 던지고 있습니다.

‘국민 영웅’에서 ‘사기꾼’으로 전락한 사람

이제 여기선 생명공학을 둘러싸고 우리나라에서 큰 소동을 일으킨 사건을 소개하고자 합니다. 생명공학이 안고 있는 여러 문제를 극적으로 보여 준 사건이기도 하므로 알아두면 좋지요.

지난 2004년에서 2005년에 걸쳐 우리나라에는 온 세계가 주목한 유명한 과학자가 있었습니다. 그가 세계에서 처음으로 엄청난 기술을 개발했기 때문이지요.

사람의 체세포를 핵을 제거한 여성의 난자와 결합시킨 뒤 여기에 전기 자극을 가해 배아를 만들어 내고(이것이 앞의 복제 양 돌리 이야기에서 언급한 ‘복제’지요), 이 인간 복제 배아에서 ‘줄기세포’라는 것을 뽑아낸 겁니다.

이 기술이 놀라운 이유는 뭘까요? 한마디로 말하면, 지금으로서는 도저히 고칠 수 없는 갖가지 불치병과 난치병을 치료할 수 있는 ‘마법의 열쇠’가 줄기세포에 있다고 여겨지기 때문입니다.

자, 그렇다면 줄기세포란 뭘까요? 얼핏 어렵게 느껴질지 모르겠지만, 차근차근 설명을 들어 보면 무슨 얘긴지 어렵지 않게 이해할 수 있을 것입니다.

모든 생명체는 아주 작은 세포로 이루어져 있습니다. 사람 몸을 구성하는 세포는 무려 50조에서 100조 개에 이르지요. 이들 세포는 정자와 난자가 만나서 만들어지는 수정란에서 생겨나 점차 신경 세포, 근육 세포, 혈액 세포 등으로 자라게 됩니다. 그러면서 저마다 고유한 기능과 특성을 지니게 되지요. 이 과정을 '분화(分化)'라 하는데, 줄기세포란 바로 다른 세포로 분화할 수 있는 세포를 말합니다. 그러니까 생명체의 다양한 조직이나 기관, 장기 등으로 분화할 능력을 갖춘 세포가 바로 줄기세포라는 거지요. 나무줄기에서 가지들이 갈라지듯 다른 세포로 분화할 수 있다고 해서 이런 이름이 붙었습니다.

줄기세포에는 여러 종류가 있는데, 가장 큰 관심을 모으는 건 단연 '배아 줄기세포'라는 것입니다. 배아란 수정이 이루어진 뒤 보통 7~9주 정도까지 자란 생명체의 가장 초기 단계를 말하지요. 특히 수정이 된 뒤 4~5일 정도부터 배아 안쪽에서 만들어지는 세포들을 배아 줄기세포라고 합니다. 이 배아 줄기세포가 중요한 까닭은 근육, 신경, 뇌, 뼈, 피부, 간, 혈액 등 사람 몸의 거의 모든 장기나 기관이나 조직으로 분화할 수 있는 아주 특별한 능력을 지니고 있어서입니다.

줄기세포 치료법의 비밀이 바로 여기에 있습니다. 병에 걸렸거나 문제가 생긴 장기, 조직, 기관 등에 배아 줄기세포를 집어넣으면 각각의 부위에 필요한 정상적인 세포가 자라나 치료가 된다는 얘기지요.

예를 들어 교통사고로 척수가 크게 망가진 사람이 있다고 가정해 볼까요? 척수란 사람 몸을 지탱하는 척추 안을 지나는 신경 다발을 말합니다. 뇌가 보낸 정보를 우리 몸 곳곳에 전달해 주고 또 거꾸로 우리 몸 곳곳에서 보내는 신호를 뇌에 전달해 주는 구실을 하지요. 그래서 척수가 손상되면 신호나 정보가 더는 전달되지 않아서 팔다리 같은 신체 부위가 움직이지 못하게 됩니다.

그런데 이처럼 손상된 척수 부위에 줄기세포를 집어넣으면 척수가 되살아납니다. 이런 치료법이 완벽하게 개발된다면 장애인이 사라질지도 모르는 거지요. 이런 식으로 몸의 어디든 문제가 생긴 부위에서 제 기능을 못하는 세포를 정상적인 세포로 바꾸어 주는 것, 이것이 바로 줄기세포 치료법이 지닌 놀라운 마법입니다.

그 과학자는 이런 줄기세포를 환자 자신의 체세포로 만들어 냈기 때문에 더욱 큰 주목을 받았습니다. 다른 사람한테서 나온 줄기세포는 환자 몸에 거부 반응을 일으킬 가

생명을 가지고
사기를 쳐!
괜히
기대했잖아!
황우석 줄기세포 논문조작
대한민국의
보물 같은
소리하고 있네!

능성이 높으니까요. 앞에서 설명했듯이 사람 몸은 자기와 다른 것이 들어오면 적이 침입한 것으로 여겨 공격하거나 파괴해 버립니다. 이런 거부 반응이 일어나면 몸에 심각한 문제를 일으키게 되지요. 심지어는 죽을 수도 있고요.

그리하여 그는 당시에 모든 장애를 없애고 수많은 난치병과 불치병을 치료해 줄 수 있는 '장애인의 구세주', 나아가 '국민 영웅', '국보급 과학자' 등으로 불리며 폭발적인 열광을 받았습니다. 한국인 최초로 노벨상을 받으리라는 기대가 쏟아지는가 하면, 그가 개발한 기술이 '황금알을 낳는 거위'가 되어 국가 경제발전의 일등공신이 되리라는 장밋빛 환상도 한껏 부풀어 올랐습니다.

그러나 웬걸, 그런 분위기는 오래가지 못했습니다. 그의 '업적'이 가짜인 것으로 밝혀진 겁니다. 그가 발표한 논문은 조작된 것이었습니다. 검증 결과 줄기세포를 만들었다는 증거도 없었습니다. 그리하여 수많은 사람을 흥분과 열광의 도가니에 빠뜨렸던 그의 '연극'은 어처구니없는 사기극으로 끝나고 말았습니다. 대한민국의 보물로 칭송받았던 위대한 과학자가 하루아침에 과학의 얼굴에 먹칠을 한 사기꾼이자 온 세계의 조롱거리로 전락한 거지요. 이 사람이 누구일까요? 서울대 수의대 교수였던 황우석 씨입니다.

줄기세포의 두 얼굴

이 사건으로 온 나라가 벌집 쑤신 듯 난리가 났던 것은, 줄기세포 치료법이 인류의 행복과 삶의 질을 획기적으로 높여 주리라는 기대가 큰 탓이었습니다. 실제로 오늘날 줄기세포 연구가 치매, 파킨슨병, 척수 손상, 당뇨병 등 현재로서는 고칠 수 없는 난치병과 갖가지 장애로 큰 고통과 절망에 빠진 수많은 사람에게 한 줄기 희망의 빛을 비추어 주고 있는 건 사실입니다. 줄기세포가 '만능 해결사'라 불리는 까닭의 하나가 여기에 있습니다.

하지만 줄기세포 치료법에는 아주 민감하고도 중요한 논쟁거리들이 여럿 얽혀 있습니다. 그 가운데 가장 중요한 것은 생명 파괴 문제입니다. 이게 무슨 말이냐고요? 바로 배아를 둘러싼 얘기입니다. 배아는 점점 자라서 나중에 아기가 됩니다. 우리 모두 한때는 엄마 배 속에서 배아 상태로 지냈지요. 그래서 배아는 곧 생명이고 인간이라는 목소리가 높습니다.

반면 줄기세포 치료법을 찬성하는 사람들은 수정 뒤 14일 이전까지의 배아는 생명체가 아니라 단지 세포 덩어리에 지나지 않는다고 주장합니다. 수정 뒤 14일은 지나야 조직과

뇌 등의 신체 기관이 형성되므로 그 이전의 배아는 그냥 조그만 세포 덩어리일 뿐이라는 거지요. 또 이때의 배아는 고통을 느끼는 것도 아니고 의식이 있는 것도 아니라는 주장도 하고 있지요. 여성 몸속의 수정란 가운데 끝까지 살아남아 아기가 되는 건 얼마 되지 않는다는 주장도 합니다. 자연적인 상태에서도 수정란이나 초기 배아의 75~80퍼센트는 저절로 죽어서 없어진다는 거지요. 이는 결국 엄마 배 속에서 대부분 그냥 없어지고 마는 수정란이나 배아를 살아 있는 인간과 똑같은 생명체로 여기는 건 지나치다는 생각으로 연결되기 마련입니다.

이런 주장은 자연스레 난치병 환자의 생명과 고통에 관심을 가지는 것이 한낱 세포 덩어리에 불과한 것을 소중히 여기는 것보다 훨씬 더 중요하다는 결론으로 이어지게 됩니다. 이는 곧 인간 배아에 손상을 좀 주더라도 그 결과로 수많은 환자를 살리고 치료할 수 있다면 그게 더 좋고 바람직하다는 얘기이기도 합니다.

그러나 이에 대한 반론도 만만치 않습니다. 의식이 없고 고통을 느끼지 못하므로 배아를 생명체로 대우할 필요가 없다는 주장에 대한 반론은 이렇습니다. 그렇다면 혼수상태에 빠졌거나 의식을 잃은 사람을 죽이는 것도 괜찮다는

아직 14일이 안 되었으니
생명이라고 보기 힘들어요!
그럼, 15일부터는
인간이라는 겁니까?
이건 엄연한 생명파괴
입니다.

말인가? 말하자면, 죽음이나 고통을 의식하지 못하는 사람을 죽이는 것과 건강하고 정상적인 사람을 죽이는 것이 과연 다른 것인가, 라는 반문인 셈이지요.

또한 이 입장에서는 14일을 생명체 여부를 판단하는 기준 시점으로 잡는 것 자체가 터무니없다고 주장합니다. 인간이 아니었다가 어느 특정 순간부터 갑자기 인간이 된다는 게 말이 안 된다는 거지요. 다시 말하면, 14일을 기준으로 배아를 생명체로 본다는 것은 13일째까지는 생명이 아니었다가 15일째부터는 생명이 된다는 얘긴데, 고작 이 이틀이 생명이냐 아니냐를 판가름할 정도로 결정적인 기간은 아니라는 얘깁니다. 더구나 조직, 기관, 뇌 등이 만들어지는 시점은 배아에 따라 조금씩 다를 수도 있습니다. 한마디로 14일을 기준으로 삼는 주장은 논리적으로나 의학적으로나 타당하지 않다는 거지요.

또한 배아가 자연적으로도 많이 죽으니까 굳이 생명체로 여길 필요까지는 없지 않느냐는 주장에 대해서도, 배아가 자연적으로 죽는 것과 인위적으로 죽이는 것은 전혀 다른 것이라고 반박합니다. 그런 식으로 얘기하면 일반 사람도 자연적으로 죽는 것과 살해당해서 죽는 것을 똑같은 것으로 봐야 하는 것 아니냐는 반론인 거지요.

더군다나 배아 복제는 인간 복제로 나아갈 수도 있어 더욱 위험합니다. 복제된 인간 배아가 복제 인간은 아니지만, 이것이 여성 자궁에 자리를 잡으면 점점 태아로 자라나 나중에 체세포를 제공한 사람과 똑같은 유전자를 지닌 복제 인간으로 태어날 수도 있으니까요.

본디 과학기술이란 언제든 인간의 애초 계획이나 예상, 통제나 관리를 벗어나 과학적으로나 기술적으로 실현 가능하다면 그게 무엇이든 가리지 않고 제 스스로 실현해 가려는 강력한 속성을 지니고 있습니다. 인간 배아 복제에 더욱 더 신중하고 조심스럽게 접근해야 할 까닭이지요.

사실, 이전에는 수정란이든 배아든 분명한 생명체로 여겨져 조작이나 실험의 대상이 될 수 없었습니다. 이것들을 조작하려면 먼저 엄마인 여성의 몸을 조작해야 하는데, 이런 행위는 사람에 대한 공격으로 간주되었지요. 물론 과학기술 발전이나 사회 변화 등에 따라 생각은 얼마든지 달라질 수 있습니다. 하지만 지금까지 얘기를 종합하면, 줄기세포 치료법이란 것 자체가 근본적으로 생명의 소중함을 가볍게 여기고 인간의 존엄성이나 정체성을 파괴하는 기술이라는 점은 부정하기 어렵지 않을까 싶습니다.

줄기세포 치료법을 어떻게 봐야 할까?

줄기세포 치료법이 여성의 몸과 인권에 대한 공격이라는 주장도 아주 거셉니다. 줄기세포를 만들려면 배아가 필요하고, 배아를 얻으려면 여성의 난자가 있어야 합니다. 문제는 난자를 구하는 것이 쉬운 일이 아니라는 점입니다. 우선은 여성의 몸에서 난자를 잘 만들도록 호르몬과 약물을 주사해야 하고, 난자를 빼낼 때에는 배를 열어서 수술을 해야 합니다. 긴 바늘이 달린 주사기를 몸에 깊숙이 찔러 넣어 난자를 뽑아내기도 하고요. 이 모든 과정이 여성의 몸을 망가뜨립니다. 수술 부작용으로 갖가지 질병과 후유증에 시달릴 때가 많고 나중에 아기를 못 낳게 될 수도 있지요.

더구나 필요한 만큼 줄기세포를 얻으려면 아주 많은 난자가 필요합니다. 그래서 난자를 구하는 과정에서 가난한 여성들이 돈을 받고 난자를 파는 일이 생길 가능성이 상당히 높습니다. 난자를 마치 물건처럼 사고팔게 될 위험이 크다는 거지요. 이것은 사람 몸과 생명을 상품화하는 행위라고 할 수 있습니다.

줄기세포 치료법으로 난치병이나 장애를 없앨 가능성이 과연 얼마나 되는지도 중요한 쟁점입니다. 사실, 줄기세포 치료는 갈 길이 아주 멉니다. 배아 줄기세포를 만들었다고 해도 그것을 신경이든 근육이든 장기든 원하는 세포로 분화시키는 기술은 아직 개발되지 않았으니까요. 줄기세포로 만들 수 있는 것도 간세포, 뇌세포, 근육세포 등 한정된 범위에 머물러 있습니다. 장기 기능을 부분적으로 보완하는 수준을 크게 넘어서지 못하고 있지요.

더구나 배아 줄기세포는 암으로 발전할 위험도 크고, 원하지 않는 세포로 분화할 수도 있습니다. 또 사람 몸에 어떤 부작용을 일으킬지도 밝혀지지 않았고요.

한마디로 줄기세포 치료법은 지금으로서는 아주 위험하고 불확실한 기술이라는 얘기지요. 그래서 마치 줄기세포가 부리는 마법으로 난치병과 장애 없는 세상이 곧 열릴 것처럼 호들갑을 떠는 것은 비현실적이고 무책임한 일이라고 할 수 있습니다.

줄기세포 치료의 혜택을 소수의 부유한 사람들만 누리게 될 가능성이 대단히 높다는 점도 짚고 넘어가야 할 대목입니다. 첨단 기술일수록 그것을 사용하려면 비용이 많이 들기 마련입니다. 하지만 질병 치료에서마저 돈이 많고 적음에 따라 차별받는 건 옳지 못합니다.

물론 줄기세포 연구가 의료 기술 발전에 중요한 계기가

어떤 미래

얼마까지 알아보고 오셨어요?
난자 삽니다
난자를 팔고 싶은데요…
……

뭣이?
환자분의 줄기세포가 그만 암세포가 돼버려서 유감이네요. 가끔 이런 경우가…
너무 무책임한 거 아냐?

줄기세포덕에 저 회장님 지금 나이가 거의 200살…
엄청난 부잔가봐!
속닥
호호호~

후후후 … 이거야 말로 황금알을 낳는 거위!
자연의 법칙과 생명의 가치를 뭘로 아는거냐!
줄기 세포
적당히 해라?
쯧!

될 가능성은 얼마든지 있습니다. 또한 방금 말한 여러 한계나 문제도 현대 과학기술의 놀라운 발전 속도를 볼 때 머잖아 해결할 수 있으리라고 여기는 사람들도 있고요. 하지만 줄기세포 연구나 치료에 여러 가지 위험 요소가 도사리고 있고 또 그런 위험이 실제로 불거지고 있다는 것은 분명한 사실입니다. 생명을 파괴하고 여성 몸을 희생시키면서까지 무리하게 생명공학 발전을 밀어붙이는 것이 과연 윤리적으로나 사회적으로 타당한지를 둘러싸고 의문이 제기되는 건 그 당연한 결과입니다.

황우석 사태 때 잘 드러났듯이, 줄기세포 치료법이 막대한 경제적 부를 안겨 줄 것이라고 기대하는 사람들도 적지 않습니다. 그렇지만 생명, 사람의 몸, 삶과 죽음 등과 같은 문제들이 복잡하게 얽혀 있는 사안을 '경제' 논리와 '돈벌이'라는 잣대로 판단하는 게 과연 바람직할까요? 그런 측면을 깡그리 무시할 수는 없다 하더라도 말입니다.

자 여러분, 이제까지 줄기세포에 얽힌 여러 논쟁거리를 생명의 소중함이라는 관점을 바탕으로 두루 살펴보았습니다. 들어보니 어떤 생각이 드나요? 이번 기회에 줄기세포뿐만 아니라 첨단 의료 기술 발전이 생명 문제에 드리우는 '빛과 그늘'을 한번 짚어 보는 건 어떨까요?

생명공학의 발전은 마침내 '맞춤 아기'라는 것도 만들어 낼 지경에 이르렀습니다. 맞춤 아기란 특정 유전자를 가지도록 인공적으로 조작하여 태어난 아이를 말합니다. 그러니까, 유전자 조작 기술로 특정 유전자를 더 나은 것으로 바꿔 넣거나 새로운 것을 끼워 넣을 수도 있다는 얘깁니다. 머리를 좋게 만들어 주는 유전자, 운동을 잘 하게 해 주는 유전자 같은 것들이 그런 예지요. 외모와 관련된 유전자도 포함될 수 있고요. 이처럼 부모가 자기 자식에게 더 뛰어난 능력이나 외모를 갖추게 해 주려고 배아의 유전자를 조작하는 게 바로 맞춤 아기를 만드는 일입니다.

물론 아직까지는 기술적 한계 탓에 본격적으로 유전자 조작을 하기는 어렵습니다. 하지만 여러 개의 수정란 가운데 가장 건강하고 '우수한' 수정란을 골라서 임신할 수는 있지요. 앞으로 생명공학이 더 발전하면 진짜 맞춤 아기가 얼마든지 등장할 수 있습니다. 부모의 이기적인 욕망과 그것을 이루어주는 과학기술이 만나면 충분히 일어날 수 있는 일이지요.

자, 이런 얘기를 들으면 혹시 나도 그런 혜택을 받고 싶다는 마음이 들지도 모르겠습니다. 하지만 깊이 생각해 보면, 맞춤 아기를 만드는 것은 마치 공장에서 물건을 만들듯이 사람을 인공적으로 '제작하는 것'과 비슷합니다. 만약에 맞춤 아기가 널리 퍼진다면 세상이 어떻게 될까요? 그런 방식으로 사람의 능력이나 외모가 결정되는 세상은 뿌리부터 불공평하고 불평등한 세상입니다. 그런 세상이 옳다고 할 수는 없겠지요.

아마도 그런 세상은 '유전자 계급 사회'의 모습을 띠게 될 것입니다. 맞춤 아기를 만들어 낼 수 있는 사람은 필시 돈 많은 부자들일 테지요. 그러니 결국 사회가 돈이 많거나 없음에 따라 유전자 귀족 계급과 유전자 하층 계급으로 갈라질 수밖에 없을 것입니다.

무엇보다, 순전히 인공적인 방식으로 완벽한 유전자를 갖춘 사람이 과연 진짜로 행복할까요? 행복이란 주어진 조건이나 환경에 주저앉는 게 아니라, 힘들고 더디더라도 그것을 극복하면서 꿈과 소망을 이루어 가는 과정에서 진정으로 맛볼 수 있는 것입니다. 열심히 노력해서 공부를 잘하게 되고 피땀 흘려 훈련한 덕분에 뛰어난 운동선수가 되는 것이 바람직한 삶의 방식이라는 것이죠.

하지만 맞춤 아기는 이런 소중한 의미와 가치가 담긴 노

얘네 진짜
어이 없네…
보자보자 하니까
막나가네!
감히 내 영역을
건드려?
맞춤 아이
자판기
수정란을골라주세요
뇌기능 A B C D E
신체기능 A B C D E
감성 A B C D E
이번에는
제일 비싼
수정란으로
골랐지.
응애?

력, 의지, 도전 같은 것들을 비웃음거리로 만들어 버릴 가능성이 높습니다. 인위적인 조작과 공학적인 설계로 만들어지는 삶은 오히려 사람을 공허하고 황폐하고 무의미한 사막으로 이끌어 가지 않을까 싶습니다.

인간은 과학기술 발전에 힘입어 이전에는 신의 영역으로만 여겨졌던 생명 창조의 길로 성큼성큼 들어서고 있습니다. 자연에는 없는 인공의 생명체를 마음대로 만들어 낼 수도 있고, 기존 생명체의 한 부분을 바꾸고 조작하여 새로운 성질을 지닌 생명체로 다시 탄생시킬 수도 있습니다. 어떤 사람들은 이런 기술이 인류에게 큰 혜택과 도움을 줄 거라고 생각하기도 합니다. 물론 그런 생각이 전적으로 틀린 것은 아닙니다. 하지만 이런 기술이 꿈꾸는 복제 인간이나 맞춤 아기 같은 것이 인류 문명의 뿌리를 근본적으로 뒤흔드는 일이라는 것은 분명한 사실입니다.

생명공학이 발달한 한구석에는 '모든 것'을 알고 지배하고 통제하고야 말겠다는, 그리고 그렇게 할 수 있다는 인간의 끝없는 탐욕과 오만이 깔려 있습니다. 그런 상황에서 생명은 신비롭고 거룩한 존재가 아닙니다. 인간의 필요와 욕구에 따라 마음대로 조작하고 변형하고 심지어는 죽여도 되는 것으로 여겨지기까지 하지요.

생명공학 기술은 우리가 따라가지 못할 정도로 빠르게 발전하고 있습니다. 이렇게 마구 내달리는 길의 끝에는 무엇이 기다리고 있을까요? 생명공학의 발달은 우리에게 삶, 죽음, 질병 등과 관련한 근원적인 질문을 던지고 있습니다. 생명공학은 근본적으로 생명에 관해 탐구하는 학문이기도 합니다. 그렇기 때문에 기술을 발전시키기에 앞서 인간과 생명이란 무엇이고 또 무엇이어야 하는가 하는 질문에 대해 고민해야 합니다.

이런 물음들이 너무 어렵고 딱딱하게 느껴질지도 모르겠습니다. 하지만 이런 물음들에 대한 나름의 생각을 정리해 본다면 여러분의 앎과 삶을 살찌우는 데 깊은 도움이 되지 않을까요?

유전자 조작 먹을거리(GMO)는 괜찮을까?

생명공학의 또 다른 주인공은 유전자 조작 먹을거리, 곧 GMO(Genetically Modified Organism)입니다. GMO란 유전자 조작 기술을 이용해 만든 농작물이나 식품을 일컫는 말입니다. 유전자 조작 기술이란, 어떤 생물에서 특정한 성질을 지닌 유전자만 따로 떼어 낸 뒤, 그것을 다른 생물의 유전자에 집어넣어 그 특성을 나타나게 만드는 겁니다. 자연 상태에서는 존재하지 않는, 특정한 성질을 지닌 새로운 생명체를 인위적으로 탄생시킨다는 얘기지요.

GMO를 활용한 대표적인 예는 농약을 뿌려도 작물은 피해를 보지 않고 잡초나 해충만 없애도록 농작물 유전자를 조작하는 겁니다. 이를테면 제초제에 강한 콩이나 스스로 살충제를 만드는 옥수수를 개발하는 식이지요. 수확량이 크게 늘어나는 품종이나, 특정 영양분이 포함된 품종을 개발하기도 합니다. 또 운반할 때 상하지 않거나, 물을 덜 줘도 잘 자라는 농작물을 개발하기도 하고요. 뿌리는 감자지만 열매는 토마토인 생명체도 만들어 낼 수 있습니다. 감자를 뜻하는 포테이토와 토마토를 합쳐서 '포마토'라 부르는 GMO가 바로 이것입니다.

이런 얘기들을 들어보면 GMO가 우리 생활에 다양한 보탬이 될 것처럼 보입니다. 실제로 GMO를 찬성하는 사람들은 GMO가 식량 부족 문제를 해결해 줄 대안이라고 주장하기도 합니다. 하지만 문제는 그렇게 간단하지 않습니다. GMO가 일으킬 부작용이나 후유증이 만만치 않은 탓이지요.

무엇보다 GMO는 사람 몸에 나쁜 영향을 미칠 수 있습니다. GMO는 불과 30여 년 전에 처음 만들어진, 인류에게 아주 낯선 '신상품'입니다. 그래서 사람 몸에 어떤 영향을 미칠지, 그리고 문제가 생겼을 때 어떻게 대처해야 할지를 잘 알지 못합니다. 아직 안전성이 제대로 검증되지 않았다는 거지요. GMO를 먹었을 때 알레르기, 암, 독성 중독 등이 생길 수 있다는 증거가 여러 연구 결과에서 나오고 있기도 하고요.

다음으로 GMO는 자연환경에 큰 피해와 혼란을 일으킬 수 있습니다. GMO는 얼마든지 자연으로 퍼져 나갈 수 있습니다. 예를 들어 농약이나 병충해에 잘 견디도록 만들어진 GMO가 야생으로 퍼져 나가면 어떻게 될까요? 이렇게 되면 희한한 돌연변이가 탄생할 수 있고, 이 '괴물'은 기존 야생종을 몰아내면서 생태계를 엉망진창으로 만들 위험성이 높습니다. 또 이런 문제도 있습니다. 농약에 강한 GMO 옥수수

의 경우, 농약을 뿌리면 옥수수는 멀쩡하고 다른 잡초는 죽어야 합니다. 한데 농약을 계속 뿌리다 보면 언젠가는 그 농약에 죽지 않는 잡초가 나타날 수 있습니다. 이렇게 되면 옥수수 밭에 농약을 아무리 많이 뿌려 봤자 전혀 소용이 없습니다. 살충제에 죽지 않는 변종 해충이 나타날 수도 있고요.

또 다른 문제는 GMO가 농업과 농민을 큰 어려움에 빠뜨린다는 점입니다. GMO를 처음 개발한 것은 거대 기업입니다. 첨단 기술 개발에 들어가는 엄청난 비용을 댈 수 있는 건 이들밖에 없으니까요. 그래서 GMO 농사에 필요한 종자나 농약 같은 것들은 모조리 이들 기업이 손에 쥐고 있습니다. 기업의 가장 큰 목적은 돈벌이입니다. 그래서 이들 기업은 GMO 종자나 농약 등을 팔아 막대한 이익을 챙깁니다. 반면에 농민들은 이것들을 사는 데 많은 돈을 쓸 수밖에 없습니다. 그 결과 농민과 농업 전체가 갈수록 거대 기업의 지배 아래 놓이게 됩니다. 이는 곧 농민과 농업을 망가뜨리는 결과로 이어지게 됩니다.

GMO는 본질적으로 '자연물'이 아니라 생명공학 기술이 만들어 낸 '인공물'이라고 할 수 있습니다. 생명의 본성을 조작한 결과이자, 자연

땅이 있어도
농사를 지을 수가
없어요.
종자가 너무 비싸서
살 수가 없어요!
땅은
황폐해지고
농민은 더
가난해져요.
난
이제
부자!
원래
부자
지만
후후후… 씨를 받아
농사를 지을 수 없게
불임 종자를 개발했지!
GMO

과 생명에 대한 지나친 인간 개입의 산물이지요. GMO 기술은 안전성이 증명되지 않았습니다. 사람과 자연에 어떤 영향을 미칠지 예측하기도 어렵습니다. 위험하고 불확실한 기술이지요. 우리나라는 세계에서도 GMO 수입량이 많은 나라로 몇 손가락 안에 꼽힙니다. 사실 우리가 사먹는 대부분 가공식품에 GMO가 사용되고 있다고 해도 지나친 말이 아니지요. GMO를 제대로 알아야 할 까닭입니다.

4장

삶과 죽음의 관계는 어떻게 될까요?

죽음 이야기를 꺼내는 이유

이제부터 펼쳐질 얘기의 주제는 죽음입니다. 죽음이라 하면, 여러분한테는 좀 어색하고 낯설게 느껴질 듯싶습니다. 아직은 어린 나이여서 아마도 나와는 아주 동떨어진 얘기로 여겨질 테지요. 또 어쩌면 '생명을 논의하는 자리에서 죽음 이야기를 왜 꺼내지?' 하며 고개를 갸웃거릴지도 모르겠네요.

하지만 한번쯤은 죽음에 대해 생각해 보고 그것에 관한 얘기를 들어 보는 것도 나쁘지 않습니다. 죽음에 관한 이야기는 곧 생명과 삶에 관한 이야기이기도 합니다. 죽음에 관한 이야기는 '어떻게 살 것인가'의 문제와 곧바로 연결되지요. 그래서 죽음 이야기에서 더욱 중요한 것은 죽음 자체가 아니라 '삶과 죽음의 관계'인지도 모릅니다. 여기서 죽음 이야기를 꺼내는 이유, 죽음에 관해 생각해 볼 기회를 가지는 것이 의미 있는 이유가 여기에 있습니다.

우리가 일상생활에서 죽음에 관한 이야기를 가장 자주 접할 수 있는 것은 아무래도 의료 분야입니다. 사람의 몸과 건강, 질병을 다루는 것이 의료이니 이는 당연한 얘기지요. 의료 기술의 눈부신 발전이 사람의 행복이나 삶의 질을 높이는 데 톡톡히 한몫했다는 것은 누구도 부인하기 어렵습니다. 자 그런데 여러분, 현대 의료 기술은 예상치 못했던 여러 부작용이나 후유증도 동시에 낳고 있습니다. 중대한 논쟁을 불러일으키기도 하고요.

그러니까, 얼핏 생각하면 무조건 바람직하고 좋은 일로만 여겨지기 십상인 의료 기술 발전에도 찬찬히 따져 봐야 할 대목들이 있다는 얘기지요. 이런 관점에서 특히 죽음의 문제와 관련해 살펴볼 것으로는 안락사, 뇌사, 장기 이식 등을 대표적으로 꼽을 수 있습니다.

죽음에 관한 새로운 질문, 안락사

먼저 안락사 이야기입니다. '안락사'라는 말 자체가 낯선가요? 안락사란 어떤 사람이 돌이킬 수 없는 죽음의 단계에 이르렀을 때 단순히 생명을 연장하기 위한 연명 치료를 그만두거나 또는 약물 같은 것을 주입함으로써 죽음에 이르게 하는 걸 말합니다.

안락사 가운데 환자 본인이나 가족의 요청에 따라 생명을 유지하는 데 꼭 필요한 영양 공급, 약물 투여, 인공호흡 등을 중단함으로써 죽게 하는 것을 '소극적 안락사'라고 합니다. 이걸 '존엄사'라 부르기도 하지요. 의미 없이 고통스럽게 목숨만 유지하기보다는 존엄한 죽음을 선택한다는 뜻에서 이런 이름이 붙었습니다. 이에 견주어 약물 같은 걸 주입해 인위적으로 죽음에 이르게 하는 건 '적극적 안락사'라고 합니다.

옛날에는 큰 병에 걸리거나 사고 같은 것을 당해 아주 위급한 상태에 빠지면 얼마 못 가 죽을 때가 많았습니다. 하지만 요즘은 그런 상황에 놓이더라도 의학 기술과 첨단 장비 발달로 몇 달, 심지어 몇 년을 더 살기도 합니다. 병이 치료되거나 상태가 나아지는 게 아니라 생명만 간신히 지탱할 때도 많습니다. 이런 경우 살아 있긴 있지만 그만큼 고통의 시간이 늘어나는 것이기도 하지요. 그 과정에서 의료비도 감당할 수 없을 만큼 크게 늘어날 때도 많습니다. 죽음의 고비를 넘기고 생명을 연장하려면 값비싼 치료를 받거나 첨단 장비를 써야 하니까요.

안락사가 등장하게 된 배경이 여기에 있습니다. 오랫동안 고통으로 몸부림치다 죽거나 그저 목숨만 이어가다 죽을 바에야, 그리고 그렇게 자신은 물론 가족을 비롯한 주변 사람들에게도 큰 희생을 안기는 대신에, 차라리 품위 있게 일찍 죽는 게 낫다는 생각을 하게 됐다는 얘기지요.

한편으로, 죽음의 때나 방법을 스스로 선택하고 결정하겠다는 생각이 널리 퍼진 것도 안락사의 배경 가운데 하나입니다. 자기 몸, 자신의 삶과 죽음에 대한 결정권을 스스로 행사하겠다는 거지요. 또 요즘 유행하는 '웰빙(well-being, 좋은 삶)'에 빗대 '웰다잉(well-dying, 좋은 죽음)'을 추구하는 사람이 늘어난 것도 안락사와 관계가 깊다고 할 수 있고요.

안락사는 사람의 죽음과 직결된 문제여서 윤리, 종교, 법, 의학 등과 같은 여러 측면에서 뜨거운 논란을 불러일으키고 있습니다. 충분히 짐작할 수 있듯이, 안락사 논쟁에서 가장 중요한 쟁점은 '안락사는 살인인가, 아닌가?' 하는 점입니다.

먼저 안락사를 반대하는 쪽의 의견을 들어볼까요? 이들은 안락사를 한마디로 '가면을 쓴 살인'이라고 규정합니다.

적극적 안락사든 소극적 안락사든 살아 있는 사람을 죽게 한다는 점에서는 다를 게 없다는 거지요. 또 환자 가족들이 경제적인 부담이 너무 커서 혹은 유산 상속이나 보험금 같은 것에 대한 욕심으로 안락사를 요구할 수 있다는 얘기도 합니다. 환자 본인의 의사가 무시될 수도 있다는 거지요.

또한 이들은 안락사가 고통을 없애 주는 건 사실이지만 많은 환자가 살아 있다는 것 자체를 소중히 여긴다는 걸 잊어선 안 된다고 주장합니다. 큰 고통을 겪는 사람이라 할지라도 얼마든지 살고자 하는 강렬한 욕구가 있을 수 있다는 얘기지요. 실제로 몸은 고통스러워도 정신적인 측면은 다를 수 있습니다. 나름의 행복이랄지 기쁨 같은 건 얼마든지 느낄 수 있고, 삶의 의미와 가치를 충분히 맛보며 살 수도 있는 건 사실입니다.

나아가 이들은 안락사가 널리 퍼지면 부작용도 심각해질 거라고 우려합니다. 안락사를 일단 허용하고 나면 안락사가 너무 쉽게 일어날 가능성이 높아질 수도 있다는 거지요. 그러다 보면 생명의 가치를 소중히 여기는 정신이나 사회적 분위기에도 나쁜 영향을 미칠 것이라고 내다보기도 하고요.

한편에서는 안락사가 악용될 가능성이 높다는 지적이 나

저것들이…
틈만 나면 나를
보낼라고…
헉헉
아버님, 여기
이런게 있는데
혹시 생각없으신지…
안락사
합의서
유산일랑
저희에게
맡기시고
힘드시면
언제든지
말씀해주세요.

오기도 합니다. 안락사를 자유롭게 할 수 있게 되면 병원이 나 요양소 같은 곳의 노약자들에 대한 사회적 시선이 바뀔 수도 있다는 겁니다. 이들을 치료하고 돌보는 데 사회적 비용이 많이 들기 때문에 빨리 죽어 줬으면 하는 은근한 심리적 압박 같은 게 생길 수도 있다는 얘기지요. 이는 곧, 사회적으로 쓸모없다고 여겨지는 사람들에 대한 차별이나 편견이 안락사 탓에 더 깊어질 수도 있다는 걱정으로 연결됩니다.

자 그렇다면, 이런 주장에 대해 안락사를 찬성하는 사람들은 어떤 답변을 내놓을까요?

찬성과 반대의 이분법을 넘어

안락사를 찬성하는 사람들은 안락사는 죽음을 앞둔 환자의 고통을 해결해 줄 수 있는 효과적인 방법이라고 주장합니다. 안락사가 살인이라는 주장에 대해서는 겉모습만 보고 하는 잘못된 얘기라고 반박하고요. 살인은 죽은 사람이 죽기 원해서 일어나는 게 아닙니다. 더구나 살인은 살인을 한 사람의 분노, 탐욕, 복수심, 원한 같은 이유로 일어나는 범죄지요. 그러므로 본인 스스로 죽음을 선택하는 안락사와는 완전히 다르다는 겁니다.

그렇다면 스스로 안락사를 선택하는 것은 자살이라 할 수 없을까요? 이에 대해 안락사 찬성론자들은 안락사가 자살과 비슷해 보이는 건 사실이지만 실제 내용은 많이 다르다는 주장을 합니다. 자살이란 어떻게든 살 수 있는 상황에서 삶을 포기하는 것이고, 이에 반해 안락사는 회복될 수 있으리라는 가능성이나 희망이 완전하게 닫혀 있을 때 어쩔 수 없이 선택하는 것이라는 얘기지요.

무엇보다 이들이 중요하게 여기는 건 당사자 입장입니다. 죽음을 선택할 권리는 다른 누구보다도 바로 자기 자신한테 있다는 거지요. 물론 가족이나 의사의 의견도 중요합니다. 하지만 원하지 않는 치료나 불필요한 생명 연장 조치를 거부할 권리, 언제 어떻게 죽을지를 결정할 권리는 어디까지나 자기 자신한테 있다는 것이 이 주장의 핵심입니다.

물론 이에 대해 반론이 없는 건 아닙니다. 죽을 지경에 놓인 환자가 정확하게 판단할 수 있을지, 그리고 그런 환자가 자신이 원하는 바를 정확하게 표현할 수 있을지에 대한 우려가 그것이지요. 불치병을 앓으며 죽음을 앞둔 사람은 의식이 오락가락할 수도 있고, 극도의 공포심이나 절망감

이제 너무 힘들구나.
제발 죽게 해다오.

같은 것에 사로잡힐 수도 있으니까요.

하지만 찬성론자들은 이에 대해 '사전 의료 의향서'라는 것으로 그런 문제를 해결할 수 있다고 주장합니다. 사전 의료 의향서란 환자가 불치병에 걸리거나 지속적인 의식 불명 상태에 빠질 때 의미 없이 생명을 연장하는 치료를 받지 않겠다는 뜻을 미리 밝혀 두는 법적 문서입니다. 죽음이 코앞에 닥치면 자기 의사를 명확하게 밝힐 능력이 없을 수도 있으므로, 이럴 때를 대비하여 미리 자기 뜻을 공식적으로 문서에 적어 놓고 이를 가족과 의사한테도 알려 두는 거지요.

안락사가 가족들의 유산 상속이나 보험금 욕심과 같은 불순한 의도로 잘못 시행될 수 있다는 주장에 대해서도, 찬성론자들은 실제 현실에서 그런 일은 거의 일어나지 않는다고 반박합니다. 또 안락사가 낳을 부작용이나 후유증은 물론 깊이 고민해야 하지만, 그런 문제는 안락사와 관련된 법이나 제도, 정책 등을 세심하고 엄격하게 잘 만들어 운영하면 최소한으로 줄일 수 있다는 입장을 취하지요.

자, 이런 양쪽의 주장을 들어 보니 여러분 생각은 어떤가요? 어느 쪽 얘기가 옳은지 헷갈리나요? 어떻든, 찬반 논쟁이 팽팽한 가운데 최근의 세계적 흐름은 죽음에 대한 자기 결정권을 중시하는 쪽으로 가고 있는 건 사실입니다. 특히 소극적인 안락사에 대해서는 대체로 인정하는 방향으로 기울고 있지요.

의학과 의료 기술의 발전이 없었다면 애당초 안락사 논쟁은 벌어지지도 않았을 것입니다. 이처럼 의료 분야를 비롯해 현대 과학기술의 경이로운 발전은 우리 삶의 다양한 분야와 영역에서 새로운 고민과 논쟁을 끊임없이 불러일으킵니다. 그래서 어쩌면 중요한 것은 찬성이냐 반대냐 중에서 어느 한쪽을 선택하는 게 아닐지도 모릅니다.

안락사를 둘러싼 논쟁은 삶과 죽음이란 과연 무엇인지에 대한 생각의 지평을 넓혀 줍니다. 삶과 죽음은 단순히 좋고 나쁨의 문제도 아니고 옳고 그름의 문제도 아닙니다. 삶과 죽음에는 아주 다채롭고도 복합적인 의미가 담겨 있습니다. 안락사는 이처럼 삶과 죽음에 얽혀 있는 복잡하고도 미묘한 맥락을 새롭게 되살펴보게 해 줍니다.

뇌사는 죽음일까, 아닐까?

뇌사도 논란거리이긴 마찬가지입니다. '뇌사(腦死)'란 말 그대로 뇌가 죽은 것을 말합니다. 일반적으로 갑자기 사고를

당해서 뇌가 돌이킬 수 없는 손상을 입은 경우를 가리키지요. 뇌사자는 전체 사망자의 1퍼센트 정도를 차지하는데, 뇌사가 일어나는 주된 원인은 교통사고 등과 같은 큰 사고, 뇌 질환, 약물 중독입니다.

우리나라에서는 해마다 2,500명가량의 뇌사자가 발생하는 것으로 알려져 있지요. 이런 뇌사를 둘러싸고 논쟁이 벌어지는 이유는 뇌사한 사람을 과연 완전히 죽은 사람으로 볼 수 있느냐 하는 문제가 제기되기 때문입니다.

자 여러분, 죽음이란 과연 뭘까요? 아니 더 정확하게 묻는다면, 어떤 상태가 되었을 때 죽음이라 정할까요? 얼핏 생각하면 아주 간단한 얘기인 것 같습니다. 하지만 여기에도 곰곰이 따져볼 대목들이 있습니다.

전통적으로 죽음이란 심장이 멎고 호흡이 멈추는 것이었습니다. 그런데 이런 죽음의 개념을 다시 고민하게 만든 일이 있었습니다. 심장 이식 수술이 성공하게 된 것입니다. 심장 이식 수술은 장기 이식 수술의 일종입니다. 장기 이식이란 신장(콩팥), 간, 심장, 폐 같은 장기나 신체 조직을 다른 사람에게 이식하는 것을 말합니다. '이식(移植)'이란 옮겨서 붙이거나 심는다는 뜻이지요.

이식하는 장기에는 사람 장기뿐만 아니라 동물 장기와

인공적으로 만든 장기도 포함됩니다. 살아 있는 사람이 장기 이식을 할 때에는 전부 혹은 일부를 떼어 내도 생명에 지장이 없는 신장, 간, 골수 등을 이식합니다.

그런데 방금 심장도 이식 수술에 성공했다고 말했습니다. 문제는 심장은 사람이 살아 있을 때, 즉 심장이 뛰고 있을 때 떼어 내야만 활용할 수 있다는 점입니다. 작동이 멈춘 심장은 쓸모가 없으니까요. 여기서 또 다른 문제가 발생합니다. 살아 있는 사람한테서 심장을 떼어 낸다는 것은 그 사람의 생명을 뺏는 것이나 다름없습니다. 심장이 없이 살 수 있는 사람은 없으니까요. 바로 이 때문에 심장이 멎은 것이 아닌 다른 죽음의 개념이 필요해졌습니다. 뇌가 죽은 상태라는 뜻의 뇌사 개념은 이렇게 해서 태어났습니다.

사람 몸은 뇌가 기능을 멈추어도 며칠 정도는 심장이 뛸 수 있고, 인공호흡기로 강제 호흡을 시키면 숨도 쉴 수 있습니다. 심장을 이식할 수 있는 상태가 되는 것이죠. 물론 뇌사 뒤 대개 열흘에서 2주일 정도 지나면 거의 모든 뇌사자는 심장도 멎습니다. 인공호흡기를 제거하면 3~10분 안에 죽고요. 하지만 뇌사 상태에서도 여전히 숨을 쉬고 심장이 뛰기 때문에 차마 죽었다고 받아들이기 어려울 수도 있습니다. 그래서 뇌사를 인정받으려면 의사 등을 비롯한 전문가의 엄격한 판정을 거쳐야 합니다.

이런 뇌사를 죽음으로 인정하는 것을 반대하는 사람들이 있습니다. 이들은 뇌사는 부분적으로만 죽은 것이며, 죽음에 이르는 전체 과정에서 마지막에 가까운 하나의 단계일 뿐이라고 주장합니다. 또 뇌사 판정이 완벽하게 정확하다는 보장이 어디 있느냐는 반론도 있습니다.

하지만 요즘은 뇌사를 죽음의 한 기준으로 인정하는 목소리가 힘을 얻고 있는 게 사실입니다. 장기 기증을 하기 위해서가 아니더라도, 뇌사자의 생명 연장에 의료비가 너무 많이 들고 죽음을 앞둔 당사자와 가족이 겪는 엄청난 고통을 줄이는 차원에서도 뇌사를 인정해야 한다는 주장이 커지고 있지요. 그래서 대부분 나라에서 뇌사는 죽음으로 인정됩니다. 우리나라에서는 장기 기증을 하려는 경우에만 뇌사가 죽음으로 인정받을 수 있고요. 참고로 뇌사 판정을 받은 사람한테서 떼어 내 이식할 수 있는 것으로는 심장 외에도 폐, 각막 등이 있습니다.

장기를 필요로 하는 사람은 많은 데 반해 제공되는 장기는 턱없이 모자라는 게 현실입니다. 장기를 기증하려는 사람이 많지 않으니까요. 그래서 자기한테 장기가 제공될 순서를 애타게 기다리다가 죽음을 맞이하는 사람도 많습니

수술 받게 됐다.
아빠~ 이제 살 수 있대!
당신 이제 이식 수술 받을 수 있대
정말?
다른 목숨을 잇는데 쓰게 해주셔서 감사합니다.
고인의 명복을 빕니다.

다. 논란을 무릅쓰면서도 뇌사를 죽음으로 인정하고, 동물 장기와 나아가서는 인공 장기를 개발하려는 노력이 끊이지 않는 이유가 여기에 있습니다.

뇌사와 장기 이식 이야기는 안락사와 마찬가지로 삶과 죽음에 관한 더 넓고 깊은 생각으로 우리를 이끌어 줍니다. 이런 이야기들이 이 책에서 하고자 하는 생명 공부에 도움이 되는 까닭입니다.

죽음을 긍정적으로 받아들이는 사람들?

이제 삶과 죽음의 관계에 대해 조금 다른 이야기를 하려고 합니다. 다름 아닌 죽음을 바라보는 새로운 시각에 대한 것이죠. 인류 역사에서 죽음에 대한 가르침을 준 것은 여러 종교와 철학이었습니다. 성자(聖者)나 현자(賢者)라고 불리는 위대한 사람들이 죽음에 관해, 그리고 삶과 죽음의 관계에 대해 남긴 훌륭한 교훈들도 많고요. 여기서는 이 가운데서 두 가지만 살펴보려고 합니다. 첫 번째는 '부탄'이라는 나라 이야기입니다.

부탄은 중국과 인도 사이 히말라야 산맥 깊은 산악지대

에 자리 잡은 자그마한 불교 국가입니다. 오랫동안 세계에 많이 알려지지 않은 신비한 나라였지요. 그런데 이런 부탄이 요즘 세계적으로 큰 주목을 받고 있습니다. 나라 정책의 최고 목표이자 잣대를 '행복'이라고 공식 선언하고 그에 따른 실천을 차근차근 해 나가고 있기 때문입니다. 이른바 '국민총행복(GNH, Gross National Happiness)'이 바로 그것이지요.

이 국민총행복을 높이기 위해 부탄은 지속 가능하고 공평한 사회경제 발전, 환경보호와 생태계 보전, 문화의 보전과 진흥, 활기찬 민주 문화 등을 이루기 위해 많은 노력을 기울이고 있습니다. 여러분도 잘 알다시피 우리나라를 비롯해 세계 대부분 나라는 경제성장, 개발, 산업화, 강대국 되기 같은 것들을 가장 중요한 목표로 내세웁니다. 이런 현실에서 부탄의 색다른 움직임은 세계 많은 사람에게 관심과 호기심을 불러일으키고 있습니다.

부탄 사람들은 히말라야 산맥의 깊은 산골 여기저기에 깃들어 살아갑니다. 늘 자연 속에서 자연과 함께 자연에 기대어 생활하지요. 이들은 대부분 농사를 짓습니다. 큰 공장도 거의 없고, 번잡한 대도시도 없습니다. 오염되지 않은 순수한 나라, 느긋하고 느린 나라가 부탄입니다.

그래서일까요? 부탄 사람들은 시간에 얽매이는 것을 싫어합니다. 오전 10시에 만날 약속을 했다면 9시부터 12시까지가 모두 약속시간에 포함된다고 합니다. 여기서는 시간을 정확히 지키는 것과는 상관없이 사람이 나타나기만 하면 약속을 지킨 것으로 여깁니다. 늘 느긋하고 여유롭게 사니 이런 관습이 몸에 밴 거지요.

이들에게 시간은 양적인 게 아니라 질적인 것입니다. 한 방향으로 곧게 뻗은 일직선이 아니라 돌고 돌며 순환하는 원에 가까운 것이 이들이 생각하는 시간입니다. 그래서 부탄 사람들은 돌고 되풀이되는 계절과 자연의 리듬에 맞추어 살아갑니다. 또 불교를 믿는 이들은 환생(還生), 곧 다시 사는 것을 믿습니다. 태어나고, 다시 태어나고, 그렇게 끝없이 순환하는 것이 이들이 생각하는 인생입니다. 또한 이들은 정신적인 측면을 소중히 여깁니다. 이들에 따르면 정신을 한 곳에 집중할수록, 물건을 덜 소유할수록 정신적 에너지가 더 강해진다고 합니다.

이런 생각을 지녔기에 부탄 사람들은 죽음에 대해서도 독특한 관점을 가지고 있습니다. 불교의 가르침에 따라 환생을 믿는 이들은 살아 있는 지금의 세상에서 모든 걸 다 하거나 이룰 필요는 없다고 생각합니다. 그래서 죽음을 편안하게 받아들입니다. 이들에게 죽음은 끝이 아닙니다. 피하고 멀리해야 할 것도, 슬프고 두렵고 나쁜 것도 아닙니다. 이들에게 죽음이란 자연적인 삶의 흐름이자 연장입니다. 긍정적인 단계이며, 다음 생을 위해 통과해야 할 과정입니다.

그래서 여기서는 많은 사람이 나이가 들면 명상에 들어갑니다. 천천히, 그리고 조용히 죽음을 준비하는 거지요. 그래서인지 명상을 하다가 죽음을 맞이하는 사람이 많다고 합니다. 이런 명상은 죽음을 앞둔 노인들에게 남은 삶이 지닌 새로운 의미와 가치를 일깨워 주기도 합니다. 부탄 노인들이 다른 문화권 노인들보다 더 건강하고 독립적으로 오래 사는 이유 가운데 하나가 이것인지도 모릅니다.

부탄 사람들은 삶과 죽음을 이렇게 받아들이기 때문에 사소한 것에 대해 별다른 걱정을 하지 않습니다. 우리 사회의 많은 사람들은 돈, 권력, 사회적 지위 등을 최대한 많이 차지하려고 안달복달합니다. 행복도 그렇게 얻는 것이라고 여기는 사람이 많지요. 하지만 부탄 사람들은 버리고 포기하는 것, 물 흐르듯 내버려 두는 것이 행복과 더 가깝다고 여깁니다. 행복은 밖에서 오는 것이 아니라 자기 안에서 스스로 만들어 가는 것이니까요. 감사하는 법, 비우는 법, 집중하는 법, 웃는 법을 배우고 익히는 게 중요하다는 것, 그

응애~
웃는 법을 배우고
집중하는 법을 배우고
감사하는 법을 배우고
비우는 법을 배우지.
시간은 그렇게 돌고 도는 거지.

리고 더 적게 소유하고 더 적게 일하는 것이 더 풍성한 삶을 누릴 수 있는 길이라는 것을 부탄 사람들은 나지막한 목소리로 들려줍니다.

이들이 살아가는 방식과 이들의 생각에 모두 동의할 필요는 없습니다. 역사, 문화, 전통, 처한 조건과 환경 등이 우리와는 크게 다르니까요. 다만 이들한테서 확인할 수 있는 건 있습니다. 비우고 버림으로써 채울 수 있다는 것, '없음'을 통해 새로운 '있음'으로 나아갈 수 있다는 것, '사라짐'을 통해 '다시 태어남'을 경험할 수 있다는 것이 그것입니다. 부탄 사람들의 인생에서 우리는 삶과 죽음을 둘러싼 깊고 오묘한 지혜를 엿볼 수 있습니다. 생명을 바라보는 또 다른 관점, 생명을 대하는 또 다른 태도를 배울 수 있습니다.

죽음, 그 새로운 빛으로

다음은 스코트 니어링(Scott Nearing, 1883~1983)이라는 사람 이야기입니다. 필시 낯선 이름이겠지만 이 사람 또한 우리에게 죽음에 관한 뜻 깊은 생각거리를 던져 줍니다.

스코트 니어링은 자본주의 물질문명의 문제점을 강력하

게 비판하면서 자연과의 조화로운 삶을 실천했던 미국의 문명비평가입니다. 전쟁을 반대하는 평화운동을 펼치면서 시골의 자연 속으로 들어가 평생을 살았던 비판적 지식인이지요. 100살까지 살면서 장수를 누렸던 그가 생전에 유언처럼 남긴 죽음에 관한 여러 가지 이야기는 그가 죽은 지 30년도 더 지난 오늘날까지도 많은 사람에게 죽음의 의미를 새롭게 되새기게 해 줍니다.

그는 죽음을 "느리고 품위 있는 에너지의 고갈이자, 평화롭게 떠나는 방법"이라고 했습니다. 그런 생각에 따라 그는 스스로 단식을 하다 세상을 떠났습니다. 그에게 죽음이란 어느 날 갑자기 들이닥친 게 아니었습니다. 그는 의연하고 당당하게, 인간의 위엄을 잃지 않고서, 스스로 죽음의 문으로 걸어 들어갔습니다.

그가 그렇게 행동한 것은 죽음의 과정을 능동적이고 자율적으로 예민하게 느끼고 싶어서였습니다. 맑은 의식으로 죽음을 맞이하고자 했고, 품위 있고 평화롭게 육신의 옷을 벗고자 했습니다. 그래서 그는 죽어가면서도 인공적인 의료적 치료나 조치를 모두 거부했습니다. 뿐만 아니라 그는 어떤 의사도 곁에 없는 상태에서 병원이 아닌 자기 집에서 고요하게 죽음을 맞이하려고 했습니다.

그는 죽음을 앞두고 이렇게 말했습니다.

"나는 되도록 빠르고 조용하게 가고 싶다. 회한에 젖거나 슬픔에 잠길 필요는 없다. 죽음은 광대한 경험의 영역이다. 나는 힘이 닿는 한 열심히, 충만하게 살아 왔으므로 기쁘고 희망에 차서 간다. 죽음은 옮겨가거나 깨어나는 것이다. 모든 삶의 다른 국면처럼 어느 경우든 환영해야 한다."

부탄 사람들과 비슷하게, 그에게 죽음이란 꼭 나쁘고 부정적인 것, 피하고 미루고 멀리해야 할 것만은 아니었습니다. 그는 삶이 충만했듯이 죽음 또한 충만하기를 바랐습니다. 그에게 죽음이란 인생이 끝장나는 게 아니라 새로운 차원 혹은 단계로 자신의 존재가 옮겨가고 새롭게 깨어나는 것이었습니다.

"기쁘게 살았으니 기쁘게 떠나리라. 나는 내 의지로 나를 떠난다."

그가 생전에 즐겨 했다는 말입니다.

그리하여 그는 1983년 8월 어느 날 아침, 사랑하는 아내 헬렌이 지켜보는 가운데 자신이 원하던 방식대로 죽었습니다. 죽음의 문으로 걸어 들어가는 그를 지켜보며 헬렌은 이런 마지막 인사를 전했다고 합니다.

"여보, 이제 무엇이든 붙잡고 있을 필요가 없어요. 몸이

좋아! 이제 갈 때가 된것 같으니 길안내 좀 해주게.
후후후
이야~ 이렇게 품위있고 단정한 모습으로 저를 직접 찾아주시는 분은 정말 흔치 않은데 제가 다 송구스럽네요.

가도록 그냥 두세요. 썰물처럼 흘러가세요. 당신은 훌륭한 삶을 살았어요. 당신 몫을 다했고요. 새로운 삶으로 들어가세요. 빛으로 나아가세요."

흥미롭게도 부탄 사람들과 스코트 니어링 이야기 사이에는 꽤 많은 공통점이 있습니다. 죽음을 슬픔과 회한으로만 받아들이는 게 아니라 밝고 환하게 맞이한다는 점, 죽음을 최종적인 끝이 아니라 일종의 '이어짐'이나 '옮겨 감'으로 여긴다는 점 등에서 특히 그러합니다. 이들의 이야기는 우리에게 죽음에 대한 새로운 관점과 태도를 보여 줍니다. 죽음에 대해 다르게 생각할 수 있는 상상력을 불어넣어 줍니다. 그럼으로써 역설적으로 '생명과 삶이란 무엇인가?'라는 질문을 새삼 곱씹어 보게 해 줍니다.

참다운 '생명의 길'

모든 사람에게 죽음은 어김없이 닥쳐오지만 죽음을 어떻게 생각하고 받아들이느냐에 따라 죽음의 의미는 크게 달라집니다. 죽음을 꼭 '생명의 끝'이나 '삶의 부정'으로 여길 필요는 없습니다.

내가 뭐 마냥 무섭고
고통스럽고 슬픈 것 만은 아니야!
나는네 삶의 중요한 밑거름이기도 해!
내 생각도 좀
하고 그래~
음…과연
불편하지만
맞는 말이군.

생명에는 삶과 죽음이 동시에 녹아들어 있습니다. 서로 겹치고 맞물리는 게 삶과 죽음의 관계입니다. 좋은 삶이 아름다운 죽음을 빚어 냅니다. 훌륭한 삶의 마무리가 곧 멋진 죽음입니다. 죽음을 삶의 또 다른 모습이라고 하는 이유가 여기에 있습니다. 높은 깨달음을 얻은 사람들은 이렇게 말합니다.

"죽음은 삶의 절정이자 마지막에 피는 가장 아름다운 꽃이다. 모든 존재는 죽음으로 자신을 새롭게 한다."

죽음은 종교나 철학 등에서나 다루는 골치 아픈 문제, 나와는 상관없는 머나먼 일이 아닙니다. 죽음은 중요한 공부 주제이자 생각 주제이기도 합니다. 앞에서도 말했듯이 죽음에 관한 이야기는 삶에 관한 이야기이기도 하니까요. 사실 따지고 보면 '어떻게 살 것인가?'를 고민하는 것이야말로 가장 중요한 공부가 아닐까요? 당장 시험 잘 치고 성적 올리는 데 필요한 공부만 중요한 게 아니라 말입니다. 그러므로 죽음에 대해, 그리고 삶과 죽음의 관계에 대해 생각하는 것은 여러분이 앞으로 삶의 의미와 가치를 찾아 나가는 데에도 나름대로 의미 있는 밑거름이 될 수 있을 것입니다.

물론 죽음은 슬픈 것입니다. 어찌할 수 없이 괴롭고 고통스러운 것이지요. 때로는 아주 무섭고 두렵기도 합니다. 살아 있다는 것, 곧 목숨만큼 소중하고 고귀한 것은 없습니다. 하지만 죽음은 단순히 거기서 끝나는 게 아닙니다. 우리는 '죽음'이라는 일회적 사건을 넘어 죽음을 둘러싼 다채로운 의미와 맥락을 되새겨 볼 필요가 있습니다. 죽음은 삶을 새롭게 되돌아보게 해 주고 더 나은 삶, 더 좋은 삶으로 이끌어 주는 뜻 깊은 계기로 다가올 수도 있습니다.

잘 살아야 잘 죽고, 잘 죽어야 잘 삽니다. 잘 사는 것과 잘 죽는 것, 이것은 둘이 아니라 하나입니다. 이것이 참다운 '생명의 길'입니다.

안락사 논쟁을 일으킨 사건들

앞에서 살펴본 안락사 논쟁에 불을 붙인 몇 가지 사건들이 있습니다. 이 사건들을 들여다보면 안락사 논쟁의 의미뿐만 아니라 삶과 죽음의 관계를 생각하는 데에도 좀 더 생생하고도 구체적인 도움을 얻을 수 있습니다.

첫 번째는 잭 케보키언이라는 미국 의사 이야기입니다. '죽음의 의사'라 불리는 그는 1998년까지 환자 130여 명의 죽음을 도왔으며, 안락사를 진행하는 기계를 직접 만들기도 했습니다. 정맥 주사로 환자와 연결돼 있는 그 기계는 환자가 직접 버튼을 누르면 처음에는 환자에게 식염수를 주입하다가 그 다음엔 강력한 마취제를 주입합니다. 그렇게 해서 환자가 의식을 잃으면 기계가 독극물인 염화칼륨을 자동으로 주입해 심장을 멎게 하지요. 큰 파문이 일어난 건 그가 안락사를 시행하는 모습이 한 텔레비전 프로그램에 방영되었기 때문입니다. 그는 결국 살인죄로 감옥에 8년 6개월이나 갇혀야 했습니다.

테리 시아보 사건도 주목할 만합니다. 테리 시아보라는 미국 여성은 1990년 갑자기 심장마비로 쓰러져 호흡 곤란 증세를 보였습니다. 응급처치로 간신히 생명은 건졌지만 테리는 혼수상태에 빠지고 말았습니다. 다른 사람은 물론 자기가 누구인지도 알지 못했고, 어떤 자극에도 반응하

지 않았습니다. 이후 테리는 '식물인간'으로 살게 되었습니다.

아무리 애를 써도 상태가 나아질 기미가 보이지 않자 테리의 남편이었던 마이클은 테리에게 연결된 영양 공급 호스를 빼 테리가 고통스러운 삶을 마칠 수 있도록 허가해 달라고 법원에 요청했습니다. 법원은 테리가 사고가 나기 이전에 '기계로 생명을 이어가고 싶지 않다'고 얘기했다는 남편의 말을 참고했습니다.

한데 테리의 친부모는 마이클의 청원을 반대했습니다. 그 결과 양쪽 사이에 격렬한 법적 공방이 벌어졌습니다. 그 과정에서 언론은 물론 종교인과 정치인, 심지어 당시 미국 대통령까지 이 재판에 주목했지요. 그 와중에 테리의 영양 공급 호스가 두 번이나 제거되었다가 안락사를 반대하는 여론의 압력으로 다시 연결되기도 했습니다. 결국 법원은 영양 공급 호스를 제거하라는 최종 판결을 내렸습니다. 2005년 3월 18일 테리의 영양 공급 호스가 제거되었고, 14일 뒤 테리는 숨을 거두었습니다. 테리는 15년이라는 긴 세월 동안 인공적인 도구로 목숨만 간신히 유지하다가 마침내 생을 마쳤습니다. 테리를 둘러싸고 떠들썩하게 진행된 재판은 미국은 물론 전 세계에 뜨거운 안락사 논쟁을 불러일으키는 계기가 되었습니다.

징하다.
15년을
싸우네!
대법원
자네가
부모의 마음을 알아?
이렇게 보낼 수는 없네.
아무리 의식이 없다고
해도 살아있는거네!
그만하세요!
테리는 기계로
생명을 이어가고
싶지 않다고 했어요!

우리나라는 어떨까요? 우리나라에서 안락사 문제가 처음으로 커다란 사회적 논란을 일으킨 것은 1997년 '보라매병원 사건'이었습니다. 당시 병원에서는 의식을 완전히 잃은 채 인공호흡기에 의존해 생명을 이어가던 환자를 가족 요청에 따라 집으로 돌려보냈습니다. 당연히 그 환자는 곧 사망했습니다. 그러나 그 의사는 나중에 살인을 했다는 판결을 받고 말았습니다. 이후 병원들은 처벌이 두려워 어떤 환자도 '연명 치료'를 중단할 수 없었지요.

그러던 차에 2009년 '김 할머니 사건'이 터졌습니다. 당시 김 할머니는 폐암 검사를 받다가 피를 너무 많이 흘려 식물인간이 되고 말았습니다. 자녀들은 김 할머니의 평소 뜻에 따라 의미 없는 연명 치료를 그만둘 것을 요구했으나 병원 쪽은 이를 거부했습니다. 결국 재판이 벌어졌고, 대법원은 가족의 손을 들어주면서 김 할머니한테서 인공호흡기를 떼어 내도록 했습니다. 그 뒤 김 할머니는 의식이 없는 상태로 201일을 생존하다가 결국 돌아가셨습니다.

당시 대법원은 "도저히 회복할 수 없는 사망 단계에 이른 뒤에 인간으로서의 존엄과 가치 및 행복 추구권을 바탕으로 죽음에 대한 자기결정권을 행사하는 것으로 인정될 때에는 연명 치료 중단이 허용될 수 있다"고 밝혔습니다. 이는 우리나라에서 소극적 안락사, 곧 존엄사를 공식적으로 인정하는 첫 판결이었습니다. 그 뒤 연명 치료 중단 허용을 법으로 제도화하려는 움직임이 지금까지 계속되고 있습니다. 참고로 2015년 한국보건사회연구원에서 발표한 어느 보고서에 따르면, 우리나라 65세 이상 노인 10명 가운데 9명이 무의미한 연명 치료를 원하지 않는다는 조사 결과가 나왔습니다.

자 여러분, 잭 케보키언이 한 일은 진짜 살인일까요? 만약에 여러분이 테리 시아보의 남편이나 부모 입장이라면, 또는 김 할머니의 자녀 입장이라면 어떤 선택을 할까요?

5장

모든 생명이 더불어 잘 사는 길은 뭘까요?

생명 탄생과 진화에 얽힌 비밀

생명 이야기에서 빼놓을 수 없는 게 진화론입니다. 생명의 역사는 곧 진화의 역사이기 때문입니다.

진화론이란 뭘까요? 진화론은 이런 의문을 던지는 데서 시작합니다. 우리 인간은 어디서 왔을까? 생명의 기원은 무엇일까? 까마아득하게 머나먼 그 옛날 태초의 생명은 어떻게 등장했으며, 그 생명체가 어떤 과정으로 지금과 같은 풍성하고 다채로운 생명 세계를 이루게 됐을까?

이런 의문과 호기심을 풀어주는 길잡이가 바로 진화론입니다. 진화론은 영국 과학자 찰스 다윈이 1859년에 펴낸 『종의 기원』이라는 책에서 처음 비롯했습니다. 다윈은 이 책에서 우주의 탄생과 사람을 포함한 모든 생명체의 탄생은 하나님의 창조로 이루어진 게 아니라, 자연의 법칙에 따라 저절로 그리고 우연히 이루어진 변화의 결과라고 주장했습니다.

다윈의 이런 주장은 기독교가 지배하던 당시 세상을 발칵 뒤집어놨습니다. 그때까지만 해도 신이 세상과 모든 생명을 만들었다는 창조론이 절대적인 진리로 통하고 있었으니까요. 모든 생물은 신이 완벽하게 만들었고, 그 모습 그대로 영원히 변하지 않는다고 여겨지고 있었지요. 한데 모든 생물이 오랜 세월에 걸쳐 끊임없이 변화해 왔다는 것을 다윈이 밝혀 낸 겁니다.

진화론에는 몇 가지 중요한 열쇳말이 있습니다. 이것을 정확하게 알아야 진화론을 제대로 이해할 수 있습니다.

첫째는 '자연선택'이라는 것입니다. 여러 생물들 가운데 환경에 가장 잘 적응한 것이 살아남는다는 게 핵심 내용이지요. 다윈은 이렇게 말했습니다.

"어떤 동물이 치열한 생존 경쟁을 이기고 지금까지 살아남을 수 있었던 이유는 그들이 강하거나 지능이 뛰어나서가 아니다. 그것은 오직 그들이 변화에 가장 잘 적응했기 때문이다."

둘째는 흔히 '공동 후손'이라 불리는 겁니다. 모든 생명은 하나의 공동의 조상에서 비롯되었다는 게 그 내용입니다. 사람을 포함한 모든 생물은 태초에 우연히 발생한 하나의 생명체로부터 분화되어 나온 진화의 결과라는 거지요. 이렇게 보면 인간이라는 동물도 결국은 이 세상의 다른 모든 생물과 근본적으로는 하나의 '가족'이라고 할 수 있습니다.

셋째는 '점진적 변화'입니다. 진화 과정은 아주 긴 세월에 걸쳐 서서히 일어나는 것이지 급작스럽게 이루어지는 게 아니라는 얘기지요.

진화론에 따르면, 진화에는 특별한 목적이나 정해진 방향 같은 건 없습니다. 창조론의 바탕에 '신의 뜻'이라는 특정한 목적이나 방향이 깔려 있는 것과는 아주 다르지요. 진화는 우연히 벌어진 사건과도 같습니다. 모든 생물은 자연선택에 따른 우연의 산물이지요. 정해진 목적이나 방향 없이 끊임없이 변화하는 과정 그 자체가 곧 진화입니다. 쉼 없이 변화하면서 다양성이 증가하는 것, 이것이 진화입니다.

진화론이 완벽한 이론은 아닙니다. 이런저런 허점과 약점이 있지요. 하지만 진화론이 다윈 이후 숱한 비판과 반대 속에서도 생명의 발생과 의미, 그리고 생명 현상을 설명하는 가장 유력한 이론으로 자리 잡은 건 사실입니다.

여러분, 진화론에 대한 설명을 들으니 어떤 생각이 드나요? 진화론에서는 지금 '나'라는 존재가 까마득한 그 옛날 태초의 한 생명체에서 비롯되었으며, 지금까지 그 인연이

자연선택
흥! 나 목 길다고 놀리더니 꼴 좋다.
목이 짧아 나뭇잎을 못 먹겠어!

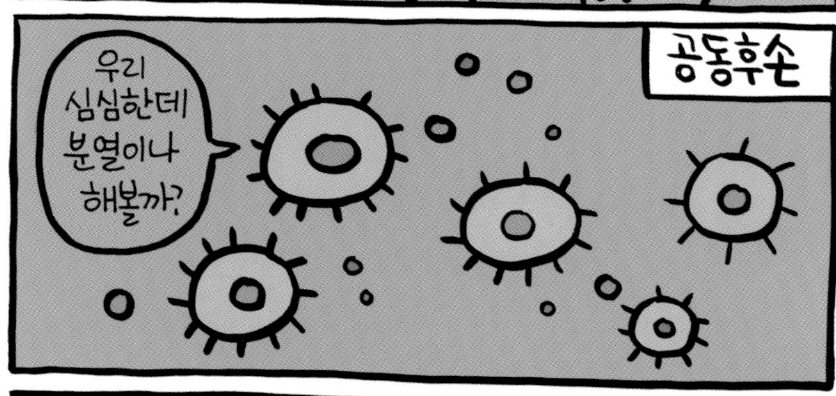

공동후손
우리 심심한데 분열이나 해볼까?

점진적 변화
이렇게가 진화론의 키포인트!

끊어지지 않고 연결되어 있다고 설명합니다. 대체로 지구가 탄생한 것은 45억 년 전이고, 최초의 원시 생명체가 출현한 때는 35억~38억 년 전이라고 알려져 있습니다. 말이 쉬워 30억~40억 년이지 사실 도무지 실감할 수도 없고 상상하기도 어려운 기나긴 세월이지요.

그러니 진화론에 따르면 내가 태어나게 된 뿌리는 단순히 엄마 아빠, 할아버지 할머니, 그 위 몇 대 조상 정도에서 끝나는 게 아닙니다. 끝까지 파고 들어가면 그야말로 상상하기조차 어려운 지구 생명의 역사를 거슬러 올라가게 되지요. 그래서 지금도 나의 몸에는 머나먼 그 옛날로부터 전해 내려오는 생명 진화의 역사가 꿈틀거리고 있습니다.

진화의 역사는 계속됩니다. 아주 먼 훗날, 우리 인간은 과연 어떻게 진화해 있을까요? 만의 하나라도 멸종할 가능성은 없을까요? 인간뿐만 아니라 저 다채로운 생명의 미래는 도대체 어떻게 펼쳐질까요?

사람, 자연, 생명의 아름다운 관계

그런데 여러분 가운데에는 진화론 얘기를 들으면서 혹시

자존심이 상하는 사람이 있을지도 모르겠습니다. '인간은 만물의 영장이다'라는 말을 하곤 합니다. 다른 동물과 달리 인간은 이성, 언어, 높은 지능 등을 갖춘 위대하고 특별한 존재이므로 지구와 자연의 지배자이자 우두머리가 돼야 한다는 얘기지요. 그렇지만 진화론에서는 사람이나 풀, 벌레가 궁극적으로 하나의 생명체에서 진화해 나왔다고 말합니다. 식물이든 동물이든 미생물이든 모두 '공동의 조상'에서 비롯된 '공동의 후손'이라는 거지요.

이런 얘기를 들으면 '칫! 아니 그럼, 내가 저 하찮은 풀이나 벌레와 조상이 같다는 말이야? 그건 말도 안 돼. 난 자연을 다스리는 위대한 인간이라고!'라는 생각이 들 수 있습니다. 물론 이렇게 생각하는 게 자연스러운 일일 수도 있습니다. 여태껏 인류 역사가 그런 식으로 흘러왔기 때문이지요.

인류는 그동안 자연의 지배자이자 통치자로 군림해 왔습니다. 자연을 그저 사람에게 필요한 것을 대 주는 자원 저장 창고쯤으로 여겨 왔지요. 사람의 욕구나 필요에 따라 자연을 마음대로 파괴하고 학대하고 착취하고 변형해 온 것이 지금까지의 역사입니다.

그 결과 지구온난화와 기후 변화, 석유 고갈 등의 에너지 위기, 자원을 둘러싼 다툼, 생태계 파괴, 동식물 멸종 등 전

지구적인 환경 위기에 처했습니다. 인간을 비롯한 생명 세계 전체의 생존이 위태로운 벼랑으로 내몰리고 있습니다.

인류는 아주 짧은 기간에 눈부신 산업화와 경제성장, 과학기술 발전을 이루어 냈습니다. 그 덕분에 이전에는 상상할 수도 없었던 물질적 풍요와 생활의 편리를 누리게 됐지요. 하지만 빛이 밝은 만큼 그늘도 짙게 드리워졌습니다. 물질의 성장과 발전을 앞세우느라 마구잡이로 자연과 생명을 파괴한 대가를 치르고 있는 것이죠.

분명한 것은, 사람을 비롯해 모든 '살아 있는 것'들의 생존과 삶의 바탕은 자연이라는 사실입니다. 이 지구를 구성하는 모든 것은 서로 연결되어 있고, 직접으로든 간접으로든 서로 밀접한 관계를 맺고 있습니다. 사람 역시 자연의 일부이고요. 아니, 더 엄밀하게 말하면 우리 몸 자체가 바로 자연입니다. 우리 몸 안에 물과 공기와 에너지 같은 자연이 들어 있고, 우리가 살 수 있는 건 이것들의 상호작용 덕분이니까요.

이처럼 사람을 포함한 모든 생명체는 보이지 않는 연결고리로 서로 이어지면서 거대한 '자연의 그물망'을 함께 이루고 있습니다. 생명의 역사가 시작된 아득한 과거에서 머나먼 미래에 이르기까지, 끝없이 이어지는 진화의 흐름 속에

엥? 인간이
만물의 영장
아니야?
아니거든!
어쩜, 인간은
저렇게 단순하고
오만할까?
인간이 지구에
제일 민폐
덩어리라고!
그러게
저러다 나중에
혼날라고
바다에
쓰레기 좀
그만 버려!
우리도
감정 있거든!

서, 우리 모두는 그렇게 서로 어울리며 더불어 살아갑니다.

그러므로 이제 세상을 사람 중심으로만 볼 것이 아니라 사람과 자연의 관계를 새롭게 이해할 필요가 있습니다. 사람만이 지구의 유일한 주인이 아닙니다. 사람 또한 다른 동식물과 더불어 저 광대한 생명 세계를 함께 이루는 동등한 구성원이라고 생각할 때, 사람이라는 존재가 더욱 위대하고 경이롭게 느껴지지 않을까요? 더구나 이 지구는 지금 살고 있는 현 세대만의 소유물이 아닙니다. 끊임없이 이어질 후손, 곧 미래 세대 또한 이 지구에서 계속 살아가야 하니까요.

다른 동식물과 나는 서로 친구이자 동료라는 것. 나는 자연과 동떨어져서 자연 위에 군림하는 정복자가 아니라 자연의 일부라는 것. 그렇게 모든 생명체가 서로 돕고 의지하고 이 세상과 우주를 아름답게 채우고 있다는 것. 바로 이것이 생명의 오묘한 섭리가 아닐까요? 생명의 역사, 지구와 우주의 역사가 생생하게 가르쳐 주듯이 말입니다.

살아 있다고 해서 온전한 생명일까?

이제 조금 다른 시각으로 생명의 문제를 살펴보려 합니다.

자유와 민주주의, 정의와 평등 같은 것들이 생명과 어떤 관계를 맺고 있는지를 알아보는 것이 그것입니다. 조금 뜬금없다고 느낄지 모르겠지만, 이것은 생명이 지닌 또 하나의 중요한 속성을 일깨워 주는 중요한 이야기입니다.

이야기인즉슨 이렇습니다. 자 여러분, 한번 생각해 보세요. 생명은 살아 있다는 것을 뜻합니다. 그런데 살아 있는 모든 생명은 제각각 저마다의 고유한 본성, 욕구, 소망, 개성 등을 지니고 있습니다. 이런 것들이 온전히 피어나야 생명은 생명으로서 제대로 살아갈 수 있습니다. 생명을 생명답게 만들어 주는 이런 것들을 억누르고 망가뜨리면 그것은 생명을 괴롭히고 학대하는 일이 됩니다.

앞에서 동물 이야기를 한 적이 있습니다. 평생 몸을 뒤척이기도 힘든 좁은 공간에 비참하게 갇혀 살다가 잔인한 방식으로 죽임을 당하는 동물들, 또는 동물원 동물들이나 쇼에 동원되는 동물들을 한번 떠올려 보세요. 이들도 살아 있기는 합니다. 어떻게든 생명은 이어 가지요. 하지만 이들의 삶과 생활은 크게 망가져 있습니다.

사람의 경우는 어떨까요? 이를테면 노예는 왕이나 귀족 같은 주인들의 소유물에 지나지 않습니다. 도구, 기계, 짐승, 물건과 크게 다를 바 없지요. 살아 있기는 하되 제대로 산다고 할 수 없습니다. 노예의 삶을 얽어매고 있는 것은 고통과 속박입니다. 생명에 대한 치명적인 부정이자 모독이라고 할 수 있지요.

사람의 생명에는 생물학적 측면만 있는 게 아닙니다. 사람은 우선 경제적으로 안정되어야 합니다. 큰 어려움이나 걱정 없이 먹고살 수 있어야 한다는 얘기지요. 그렇지만 사람의 생명이 여기서 끝나는 걸까요? 그렇지 않지요. 우리 사람에게는 자유와 민주주의도 더없이 소중합니다. 노예나 식민지 백성에게는 자유가 없습니다. 권리와 힘을 빼앗긴 탓에 자기 운명을 판가름할 중요한 일도 자기가 아닌 남들이 결정하기 일쑤지요. 스스로 자기 삶의 주인이 되지 못할 때 이것을 진정한 생명이라고 할 수 있을까요?

독재 권력이 민주주의를 짓밟는 곳도 다르지 않습니다. 이런 곳에서는 사람이 자기 생각이나 의견을 자유롭게 표현하지 못합니다. 권력의 입맛에 맞지 않는 얘기나 행동을 하면 가혹한 처벌과 탄압을 받습니다. 생각하고 꿈꿀 자유, 그런 생각이나 꿈을 드러내고 다른 사람과 함께 나눌 자유가 없는 곳에서 사람이 사람답게 살 수 있을까요? 내 말과 행동이 늘 감시와 통제 아래 놓여 있고 그래서 어떤 말이나 행동을 할 때마다 눈치를 봐야 한다면, 이게 제대로 사는 걸까요? 이처럼 정치적 생명이 억압당하면 사람의 생명은 온전하다고 하기 어렵습니다.

평등과 정의도 사람의 생명에 무척 중요합니다. 오늘날 사회를 일컬어 흔히 '1 대 99 사회'라고 합니다. 99퍼센트의 대다수 보통 사람이 아니라 극소수 상위 1퍼센트의 특권 세력이 부와 권력을 독차지한다는 뜻에서 이런 이름이 붙었지요. 여러분 귀에도 낯설지 않을 이른바 '양극화 사회'의 다른 이름이기도 합니다. 소수의 부자만 갈수록 잘살게 되고 대다수 보통 사람은 갈수록 가난해지는 것을 뜻하는 '부익부 빈익빈' 현상이나, 이긴 자와 강한 자가 모든 것을 독차지하는 이른바 '승자 독식', '강자 독식' 현상이라는 말도 이와 비슷한 내용을 담고 있고요.

이런 곳에서는 개인이 아무리 열심히 노력해도 그 보상을 제대로 받기가 어렵습니다. 생명 이야기를 할 때 자주 거론되는 자살 문제도 이런 맥락에서 짚어 볼 수 있습니다. 우리 사회의 자살률은 세계 최고 수준입니다.

사람들이 자살하는 이유는 다양합니다. 하지만 먹고살기가, 하루하루 살아가기가 너무 힘들고 고달파서 자살하는 사람이 아주 많습니다. 열심히 사는데도 삶이 조금이라도 나아지리란 희망을 도무지 찾을 수 없는 탓이지요. 그

왜 저러고 살지?
자살을 왜해?
살만한데~ 왜?
더 높이 쌓아!
최소 비용! 최대 수익!
하아~ 살아도 사는 것 같지 않구나.
그들만의 도시

래서 이런 자살을 '사회적 타살'이라 부르기도 합니다. 얼핏 겉모습만 보면 개인이 스스로 목숨을 끊은 자살이지만, 자살을 하게 된 속사정을 들여다보면 잘못된 세상이 그 사람을 죽음으로 내몬 측면이 크다는 얘기지요.

만약에 정의롭고 올바른 세상이라면, 한 사회에서 생산된 부(富)를 구성원들이 고루 나누고 모든 사람에게 최소한의 생활을 가능하게 해 주는 사회복지 시스템과 사회안전망이 튼실하게 갖추어진 사회라면, 이런 자살은 크게 줄어들 수 있습니다.

자유와 민주주의, 정의와 평등이 망가진 사회는 근원적으로 생명의 가치를 가볍게 여기는 곳이라고 할 수 있는 셈입니다. 사람을 사람답게, 생명을 생명답게 살지 못하게 하니까요. 사람이라면 마땅히 누리고 추구해야 할 자유, 평화, 행복 같은 것들을 억누르고 짓밟으니까요.

살아 있다고만 해서 제대로 사는 게 아닙니다. 생명의 '양'은 중요합니다. 하지만 생명의 '질'은 더욱 중요합니다.

생명은 수단이 아니라 목적이다

자, 그러니 이제 어떻게 해야 할까요? 생명을 위하여 어떤 길을 가야 할까요?

앞에서 두루 짚어 보았듯이 오늘날 생명 세계는 다양한 위기에 빠져 있습니다. 핵심은 두 가지입니다. 하나는 돌이키기 어려울 정도로 심각해지고 있는 환경 위기입니다. 다른 하나는 사람을 비롯한 모든 살아 있는 생명을 마치 물건이나 상품처럼 취급하는 풍조가 빚어 내는 '가치관의 위기'입니다. 그 속에서 우리가 인간이라면 마땅히 간직해야 할 생명의 존엄성과 '생명에 대한 예의'가 끊임없이 상처받고 있습니다.

이런 생명의 위기는 왜 일어날까요? 물론 여러 가지 이유가 있겠지만, 가장 중요한 이유는 지금의 세상을 지배하는 것이 돈, 경쟁, 성장 따위이기 때문입니다. 환경 위기만 해도 그렇습니다. 환경 위기는 현대 산업문명의 산물입니다. 그리고 산업문명은 경제성장과 물질의 풍요에 모든 초점을 맞추는 대량생산, 대량소비, 대량폐기 시스템으로 이뤄져 있습니다. 즉, 무한정으로 많이 만들고 많이 쓰고 많이 버리는 것이 산업문명의 본질이라는 얘기지요.

하지만 자연이 감당할 수 있는 능력은 정해져 있습니다. 지구는 공간적으로도 한계가 있고, 자원도 한정돼 있습니다. 쓰레기를 처리할 수 있는 능력도 마찬가지지요. 지구는 더 커지거나 넓어질 수 없고, 고갈된 자원은 다시 생겨나지 않습니다. 그리고 이런 지구는 단 하나뿐입니다. 자연과 지구를, 생명을 지금보다 훨씬 사려 깊고 지혜롭게 대해야 하는 까닭이 여기에 있습니다. 자연을 망가뜨리고 자원을 끊임없이 쓰면서 성장을 계속 추구한다면 생명은 죽음의 벼랑으로 내몰릴 수밖에 없습니다.

지금 우리가 살아가는 자본주의 사회는 돈, 효율, 경쟁, 속도 같은 것들을 마치 신처럼 떠받듭니다. 많은 사람이 더 많이 소유하고 싶어 하고, 더 많이 소비하고 싶어합니다. 그러니 세상이 어떻게 될까요? 돈벌이를 최고 목표로 삼는 곳에서는 사람을 비롯한 생명의 행복과 평화가 제대로 된 대접을 받기 어렵습니다. 또한 이런 데서는 사람과 사람 사이, 사람과 자연 사이, 개인과 공동체 사이가 서로 깊은 관계를 맺고 있다는 사실을 잊어버리기 마련입니다.

그럼 어떻게 해야 할까요? 생명이 생명답게 살 수 있는 세상을 만들려면 생명의 가치보다 돈의 가치를 더 앞세우는 지금의 세상 구조와 질서를 바꿔야 합니다. 돈보다는 사람을 귀중히 여기고, 사람을 넘어 자연과 생명 세계 전체를 아끼고 보살피고 보듬어 안을 줄 아는 세상, 그리하여 인간과 자연과 사회가 조화와 균형을 이루며 사이좋게 어깨동무하는 세상을 만들어 나가야 합니다. 동시에 모든 생명이 참된 행복과 자유를 누릴 수 있는 정의롭고 민주적인 세상을 가꾸어 나가야 합니다.

세상을 바꾸기 위해선 나부터 바뀌어야 합니다. 생각하는 방식, 사는 방식을 바꿔야 합니다. 아마도 가장 먼저 해야 하는 것은 모든 '살아 있는 것'이 저마다 고유하고도 소중한 가치를 지니고 있다는 점을 깊이 느끼고 깨닫는 일이 아닐까 싶습니다. 생명에 대한 예민한 감수성과 정서와 감각을 터득하고 익히는 것, 이것이야말로 생명 존중과 생명 사랑을 실천하는 첫걸음이 아닐까요?

옛날 사람들은 쓰고 남은 뜨거운 물도 함부로 버리지 않았다고 합니다. 벌레 한 마리라도 죽을까 봐 염려해서지요. 과일을 딸 때에도 높은 가지에 달린 몇 개는 그대로 두었고, 곡식을 수확할 때에도 일부러 약간의 낟알을 들판에 흩뿌려 놓기도 했습니다. 동물들이 와서 먹으라는 뜻이지요.

우리 전통 종교인 동학*의 대표적인

* **동학** 1860년 최제우가 창시한 민족 종교이다. 1905년 천도교로 이름이 바뀌었다.

모든 만물이
다 하느님이야!
나만 사는 세상이 아니라
모든 생명이 더불어 사는
세상이어야 해!
우리는 모두
연결되어 있다고!

사상은 '인내천(人乃天)'입니다. 사람이 곧 하늘이고, 하늘이 곧 사람이며, 우주만물이 다 하느님이라는 뜻입니다. 여기엔 모든 생명을 정성과 진심을 다해 섬기고 모실 줄 알아야 한다는 마음이 담겨 있습니다. 어떤 사람도 일체의 차별이나 편견 없이 평등하고 공정하게 대해야 한다는 뜻도 담겨 있고요.

진정한 생명 존중과 생명 사랑은 이런 게 아닐까요? 인간이 인간답게 살고 생명이 생명답게 사는 세상이란 탐욕과 이기심과 경쟁의식이 아니라 우정과 사랑이 활짝 꽃피어나는 곳이 아닐까요? 생명은 수단이 아니라 목적입니다.

'위험 사회'를 넘어서

현대 사회를 설명하는 개념 가운데 '위험 사회'란 게 있습니다. 독일 사회학자 울리히 벡(Ulrich Beck, 1944~2015)이 내놓은 이론이지요. 위험 사회의 대표적인 현상 가운데 하나가 환경 위기인데 이에 대해서는 앞의 본문에서도 언급했으므로 여기서는 다른 예를 들어 보겠습니다.

1986년 미국의 우주 왕복선 챌린저호가 비행을 시작한 지 불과 73초 만에 공중에서 폭발한 적이 있습니다. 7명의 승무원이 모두 죽었고, 무려 1조 2,000억 원을 쏟아 부어 만든 첨단 우주선 또한 한순간에 산산이 부서져 사라지고 말았지요. 어처구니없게도 원인은 아주 작은 실수였습니다. 우주선 부품 사이의 연결 부분이 벌어지지 않도록 밀폐하는 고무마개가 약간 헐거웠던 거지요. 우주선이 발사되면서 생기는 충격 탓에 고무마개가 망가졌는데, 그 영향이 순식간에 우주선 전체로 퍼지면서 결국 폭발하고 만 겁니다.

원자력 발전도 마찬가지입니다. 원자력 발전은 방사능이라는 무시무시한 물질을 만들어 냅니다. 방사능이란 한꺼번에 많이 맞으면 바로 죽기도 하지만, 그렇지 않더라도 오랜 세월에 걸쳐 암, 유전병, 심장병 같은 치명적인 질병을 일으키는 무서운 물질입니다. 방사능은 모든 생명체와 자연을 죽음과 파괴로 몰아넣습니다. 이것을 생생하게 보여 준 대표적인 두 가지 사례가 체르노빌 원전 사고와 후쿠시마 원전 사고입니다.

1986년 4월 26일, 과거 소련에 속했던 우크라이나의 체르노빌 원자력 발전소에서 대규모 사고가 터졌습니다. 수천 명이 방사능을 맞아 죽었고, 인근 주민 수십만 명은 방사능 오염을 피해 다른 지역으로 떠나야만 했습니다. 이후에도 오랜 세월에 걸쳐 많은 사람이 죽어 갔고, 지금까지도 수십만 명의 사람들이 암과 같은 갖가지 질병과 후유증에 시달리고 있지요.

2011년 3월 11일에는 일본 동북부 후쿠시마 원자력 발전소에서 대형 사고가 터졌습니다. 그날 이 지역 앞바다에서 발생한 초대형 지진과 쓰나미라 불리는 지진해일이 직접적인 원인이었지요. 당시 엄청난 지진의 충격으로 원자력 발전소가 부서졌고, 그 바람에 방사능이 대량으로 새 나오고 말았습니다. 사고 수습이 늦어지고 땅, 바다, 하늘로 방사능이 무차별로 퍼져 나가면서 일본뿐만 아니라 온 세계가 공포에 떨어야 했습니다. 발전소 부근 지역은 한순간에 생명체가 살 수 없는 '죽음의 땅'으로 변해 버렸고요. 후쿠시마의 비극은 지금도 계속되고 있습니다. 일본의 거의 전체가 방사능으로 오염된 탓에 아직도 수많은 사람이 불안과 공포에 떨고 있지요.

인간은
어쩌다가
저런
끔찍한 걸
만들어
낸 거지?
무서워!
쾅!
후쿠시마
체르노빌

원전은 무려 200만~300만 개에 이르는 부품으로 이루어져 있습니다. 이처럼 설비 자체가 아주 거대하고 복잡한 탓에 아무리 철저하게 안전 관리를 한다고 해도 언제든 사고가 날 수 있습니다. 게다가 사람이란 언제든 실수하기 마련인데, 원전에서는 작은 실수나 부주의가 곧 대형 참사로 이어질 가능성이 대단히 높습니다.

현대 사회는 우주선이나 원자력 발전소 따위와는 비교할 수 없을 정도로 훨씬 더 거대하고 복잡한 시스템으로 이루어져 있습니다. 언제 어디서 무슨 일이 터질지 모릅니다. 그럴수록 위험 또한 커질 수밖에 없지요. 복잡하게 서로 연결되고 얽혀 있는 거대 시스템일수록 조그만 결함 하나가 시스템 전체를 망가뜨릴 가능성이 높아지니까요. 다른 부분은 모두 정상적으로 돌아가고 있더라도 말입니다.

바로 이것이 위험 사회의 실상입니다. 위험 사회에서 위험은 경제와 과학기술이 발달할수록 더욱 커집니다. 더구나 이 위험은 어쩌다 가끔 발생하는 게 아니라 우리 생활 가까이에 있습니다. 거대 과학기술과 급속한 산업화 등으로 이루어진 현대 사회 자체가 위험을 일상적으로 만들어 내고 있다는 얘기지요. 그래서 오늘날 위험은 갈수록 커지고 있습니다. 이

전에는 상상할 수 없었던 새로운 위험이 곳곳에서 자라나고 있습니다. 그 속에서 사람을 비롯한 모든 생명의 생존과 안전과 평화도 끊임없이 위협받고 있습니다. 위험 사회 이야기는 우리가 몸담고 살아가는 이 생명 세계에 드리운 또 하나의 그늘을 잘 보여 줍니다.